玉川百科 こども博物誌

小原 芳明 監修

数と図形のせかい

瀬山 士郎 編　山田タクヒロ 絵

玉川大学出版部

監修にあたって

玉川学園の創立者である小原國芳は、１９２３年にイデア書院から教育書、哲学書、芸術書、道徳書、宗教書などとともに児童書を出版し、１９３２年には日本初となるこどものための百科辞典「児童百科大辞典」（全30巻、～37年）を刊行しました。その特徴は、五十音順ではなく、分野別による編纂でした。

イデア書院の流れを汲む玉川大学出版部は、その後「学習大辞典」（全32巻、１９４７～51年）、「玉川児童百科大辞典」（全30巻、１９５０～53年）、「玉川こども百科」（全１００巻、１９５１～60年）、「玉川百科大辞典」（全31巻、１９５８～63年）、「玉川児童百科大辞典」（全21巻、１９６７～68年）、「玉川新百科」（全10巻、１９７０～71年）、そして「玉川こども・きょういく百科」（全31巻、１９７９年）を世に送り出しました。

インターネットが一般家庭にも普及したこの時代、こどもたちも手軽に情報検索ができます。学校の調べ学習にインターネットは大きく貢献していますが、この「玉川百科　こども博物誌」はこどもたちが調べるだけでなく、自分で読んで考えるきっかけとなるものを目指しています。自分で得た知識や情報を主体的に探究する、これからのアクティブ・ラーニングに役立つでしょう。

教育は学校のみではなく、家庭でも行うものです。このシリーズを読んで「本物」にふれる一歩としてください。

玉川学園創立90周年記念出版となる「玉川百科　こども博物誌」が、親子一緒となって活用されることを願っています。

小原芳明

はじめに

みなさんは算数《さんすう》がすきですか、それともきらいですか。「えー、計算《けいさん》はめんどうくさいし、時間《じかん》もかかる」と思《おも》っている人《ひと》もいるかもしれませんね。でも、かぞえかたのしくみや大《おお》きさのはかりかたのしくみがわかると、算数《さんすう》がとてもおもしろくて楽《たの》しいものになります。あるいは、算数《さんすう》をつかえば、数《かず》の計算《けいさん》ができるようになるだけではなく、このせかいにあるいろいろなかたち（図形《ずけい》）についても、たくさんのことがわかるようになります。

この本《ほん》ではカケル、ワンくん、エンちゃんという3人組《にんぐみ》が、カケルがみつけたふしぎなノート、メビウスノートをひらきながら、計算《けいさん》について、大《おお》きさのはかりかたについて、そしてかたちについていろいろな発見《はっけん》をします。たとえば、とてもきれいな計算《けいさん》や魔方陣《まほうじん》、あっというまにできてしまうふしぎな計算《けいさん》、かんたんなかたちをならべてできるおもしろいかたちやきれいなもよう、そして算数《さんすう》をつかったスリル満《まん》点《てん》のゲームなどです。みなさんも3人組《にんぐみ》といっしょになって、算数《さんすう》のふしぎでおもしろいせかいをのぞいてみてください。きっとだれでも算数《さんすう》がすきになりますよ。

瀬山《せやま》士郎《しろう》

おとなのみなさんへ

算数（数学）は好き嫌いのはっきりとした学問分野のようです。理屈もわからず、ひたすら計算練習ばかりさせられると、こどもたちだけでなく、おとなでも算数嫌いになってしまう。たしかに算数の計算技術は大切なものですが、それ以上に、その技術を支えている理論や計算の意味を理解することが算数の理解には不可欠です。あるいは、形のもつさまざまな性質に親しみをもつことも大切なことです。

数とはなんだろうか、数えるとはどういうことなのか、あるいは三百二を「302」と書くのはなぜなのか、甘さを数であらわすことはできるのだろうか、重さと大きさはどんな関係があるのか、正四面体を立体的に4個並べてできるすき間はどんな形をしているのか、テトラパックは折りたためるのだろうか。こどもたちのこういった疑問は、おとなでもきちんと答えることは難しいものです。もちろん、小学生がそのすべてを理解することはもっと難しいでしょう。しかし、そのエッセンスを「わかりやすくこどもたちに伝えていくこと」が算数教育にはもとめられています。こどもたちの素朴な疑問のなかには、算数理解の根底にふれる重要なものがたくさんあります。亡くなった作家の井上ひさしは「むずかしいことをやさしく、やさしいことをふかく、ふかいことをおもしろく」という言葉を残しました。本書は小さい読者と同じ年ごろの3人組「カケル、ワンくん、エンちゃん」が、算数で出会ったいろいろな疑問を、自分たちの力で、自分たちの言葉で、つまずきながら、楽しみながら解決していく様子がゆかいなイラストとともに描かれています。そしてなによりも、いま求められている本当の意味での学力、つまり、学んだことを使って新しい疑問を解決していく力とはどんなものなのかが、3人組の遊びを通してわかりやすく解説されています。ちょっと見ると、無味乾燥に見える計算そのもののなかにも、新しい発見がたくさんあります。本書を読むこどもたちは、自分の力で新しい面白い計算を見つけるかもしれない。そんなヒントが本書にはたくさん詰まっているはずです。おとなのみなさんも、こどもたちといっしょにそんな発見を楽しんでくれることを心から祈っています。

瀬山士郎

「数《かず》と図形《ずけい》のせかい」もくじ

第《だい》4章《しょう》 図形《ずけい》であそぼう 118

いざ、数《かず》とかたちのせかいへ！

この本《ほん》は「数《かず》ってなんだろう」「計算《けいさん》のふしぎ」「はかってみよう」「図形《ずけい》であそぼう」の4つにわかれています。どこを読《よ》んでも、算数《さんすう》のおもしろさに気《き》がつくはずです。

「計算《けいさん》のふしぎ」

計算《けいさん》は学校《がっこう》でならうだけではありません。くらしのなかには、いろいろな計算《けいさん》があふれています。

「数《かず》ってなんだろう」

数《かず》がないと、このせかいはいったいどうなってしまうのでしょう？　カケルとワンくんが数字《すうじ》のないせかいを旅《たび》します。

「図形《ずけい》であそぼう」

わたしたちのくらしのあちらこちらに、さまざまなかたちがかくれています。いろいろなかたちをさがして、楽《たの》しくあそんでみましょう。

「はかってみよう」

数《かず》と量《りょう》は少《すこ》しちがうようです。ジュースの量《りょう》やひろさ、重《おも》さ、時間《じかん》やはやさをはかってみましょう。

いってみよう！

算数《さんすう》のせかいを実際《じっさい》に体験《たいけん》できる施設《しせつ》です。もっと算数《さんすう》となかよくなりたい人《ひと》は、いってみてください。

読《よ》んでみよう！

数《かず》やかたちのことをもっと知《し》りたくなったら、この読書《どくしょ》ガイドをみてください。

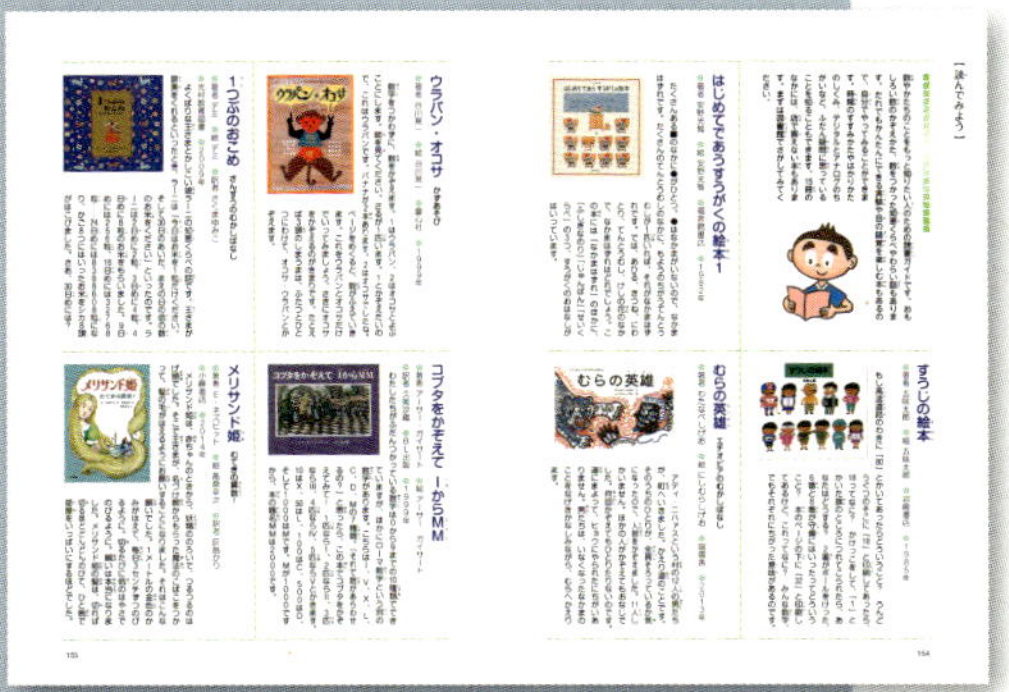

算数《さんすう》なんてだいきらいって思《おも》っている子《こ》はいないかな？
この本《ほん》の登場人物《とうじょうじんぶつ》カケルも数字《すうじ》がにがて。
「算数《さんすう》なんてなくても、いきていける！」なんていってる。
でも、わたしたちのくらしや自然《しぜん》のなかには、
数字《すうじ》や図形《ずけい》がいっぱいかくされているんだ。
もし、そのひみつをみつけだすことができるなら、
わたしたちは算数《さんすう》ともっとなかよくなれる！

ここに1冊《さつ》のノートがある。
雨《あめ》あがりの日曜日《にちようび》、
土手《どて》の草《くさ》むらで、カケルがぐうぜんひろったものだ。
ふしぎな数式《すうしき》がびっしりかきこまれているこのノートは、
なにやらふしぎな力《ちから》をもっていそう……。

カケルといつもいっしょのエンちゃんとワンくんが、
このノートを「メビウスノート」と名《な》づけた。
さて、なにがおきるかな？

カケル
算数《さんすう》はにがてだけど、新《あたら》しいことにいつも挑戦《ちょうせん》しているまえむきな小学《しょうがく》3年生《ねんせい》。
サッカーとあまいおやつがだいすきなくいしんぼう。
メビウスノートのおかげで、数字《すうじ》がこわくなくなる。

ワンくん
算数《さんすう》がだいすきで、ものしりな小学《しょうがく》3年生《ねんせい》。
カケルと正反対《せいはんたい》で運動《うんどう》がにがて。
とにかく数字《すうじ》がだいすきで、町《まち》じゅうの数字《すうじ》でいつも10をつくっている。

エンちゃん
図形《ずけい》がだいすきなしっかりものの小学《しょうがく》3年生《ねんせい》。
円《えん》とかいて「まどか」とよむけど、みんなはエンちゃんってよぶ。趣味《しゅみ》はおかしつくり。

第《だい》1章《しょう》

数《かず》ってなんだろう

もしもこのせかいから数字《すうじ》がきえたら……。
朝《あさ》ごはんのたまごの数《かず》も、サッカーの試合《しあい》の結果《けっか》も、
時間《じかん》も日《ひ》づけも、わからないことばかり。
こまったことになるぞ。

メビウスノートにみちびかれ、
カケルとワンくんはふしぎな旅《たび》に出発《しゅっぱつ》する……。

クジラとアリはどちらが多《おお》い？
「鼻《はな》のあな」があらわす数《かず》は？
ネテワ？　ナオ？……の暗号《あんごう》の意味《いみ》は？
0って必要《ひつよう》？
まだまだあるぞ。

さあ、ふしぎなせかいで数《かず》をさがしてみよう！
5、4、3、2、1、0……きっと数《かず》がだいすきになる。

もし世《よ》の中《なか》に数《かず》がなかったら……

カケルの家《いえ》では毎朝《まいあさ》お父《とう》さんが新聞《しんぶん》を読《よ》む。きょうもむずかしい顔《かお》で新聞《しんぶん》を読《よ》むお父《とう》さんに、カケルがいった。「そんなに文字《もじ》や数字《すうじ》ばかり見《み》ていたらおかしくなるよ。数字《すうじ》なんか、なくなっちゃえばいいのに」。そのひとことでメビウスノートがひかりはじめた。……おや、ふしぎなことがおこったぞ。

数《かず》がきえた!

目《め》をあけると、新聞《しんぶん》がおかしなことになっていた。

「J《ジェイ》リーグの試合《しあい》、対《たい》　でメビウスアルファの勝利《しょうり》」

「あれ？　数字《すうじ》がない。これじゃあ、何対何《なんたいなに》なのかわからないよ」

お父《とう》さんもこまってしまった。

「きょうはだいじな会議《かいぎ》の日《ひ》だったと思《おも》うけど……。カレンダーの数字《すうじ》がなくなったから、わからない」

台所《だいどころ》からお母《かあ》さんの声《こえ》。

「カケル、目玉《めだま》やきのおかわり、いくつ？」

「うーん、いえないよ」

「ところで、もう学校《がっこう》にいく時間《じかん》じゃ……。あら、いま何時《なんじ》なのかしら？」

世《よ》の中《なか》から数《かず》がきえてしまった。

日月火水木金土
・・・・・
数《かず》はとてもたいせつなんだよ！
数《かず》には、「量《りょう》をあらわす数《かず》」と「順序《じゅんじょ》をあわらす数《かず》」がある。
①量《りょう》をあらわす数《かず》
ケーキ5個《こ》、友《とも》だち3人《にん》、ジュース2L……
②順序《じゅんじょ》をあらわす数《かず》
まえから5番《ばん》め、うしろから3番《ばん》め……

家《いえ》のそとに出《で》てみると、数《かず》のないせかいにかわっていた。そこへ、散歩《さんぽ》のとちゅうだったワンくんが通《とお》りかかった。

「ぼくのせいで、せかいから数《かず》がなくなってしまったんだ。だけど、数《かず》ってやっぱりだいじだった。カレンダーや時計《とけい》にも、数字《すうじ》はたくさんあった。これじゃ、目玉《めだま》やきのおかわりもできない」

「数《かず》は、ものの量《りょう》や順序《じゅんじょ》をつたえるのに必要《ひつよう》なんだ。数《かず》って、たいせつだよ」

「数《かず》をとりもどすには、どうすればいいだろう。ワンくん、力《ちから》をかしてくれないか？」

数《かず》のないせかいにまよいこんだふたりは、数《かず》をとりもどすためにたちあがった。

※1L：1リットル

どちらが多《おお》い？

数《かず》がないせかいにとばされてしまったふたり。ワンくんの散歩《さんぽ》のコースの川原《かわら》で石《いし》なげをしていると、数《かず》がない国《くに》の人《ひと》たちがやってきた。ふたりはどうやらケンカをしているらしい。ケンカをとめるためには、「どちらが多《おお》いのか」わからないといけない。数《かず》がなくてもわかるかな？

バラバラになっていたり、かさなっていたりすると、数《かず》はわからない。ひとつずつカゴにいれて、ならべてみよう。
ぴったりおなじ。組《くみ》にしてならべると、どちらが多《おお》いかわかるんだね！

数《かず》のないせかい

数《かず》がないせかいでは、カワさんとモリさんが大《おお》げんかをしていた。りんごと魚《さかな》をおなじ数《かず》だけ交換《こうかん》したいようだ。

「おれのりんごのほうが多《おお》い。これじゃあ、交換《こうかん》できないぞ」

「それはウソだね。おれの魚《さかな》のほうが多《おお》い。りんごをふやせ」

「まってください。数《かず》をかぞえればいいじゃないですか」

「数《かず》ってなんだ？　口《くち》をはさむなら、どちらが多《おお》いのか判断《はんだん》しろ」

さて、こまったことになったぞ。右《みぎ》手《て》のりんごと左《ひだり》手《て》の魚《さかな》をみくらべたワンくん。

「そうか、この手《て》があった！」

いそいでりんごと魚《さかな》をならべたワンくん。ふたつを組《くみ》になるようにすると、ほら、おなじになった。

動《うご》かせないもの

「いや、まってくれ。おなじなのをのぞいて、じつはまだ家《いえ》においてきたりんごがあるんだ」

「おれだって、家《いえ》にはまだ魚《さかな》がたくさんあって、はこべないんだ。この量《りょう》は、どうやったらわかるんだ？」

　ワンくん、カケルに合図《あいず》をおくる。カケルのポケットのなかには

……

「あっ。ふたりとも、ぼくの小石《こいし》をかしてあげるよ。この小石《こいし》と家《いえ》にあるものを組《くみ》にして。そうすれば、ものを直接《ちょくせつ》組《くみ》にしなくても小《こ》石《いし》の量《りょう》でどちらが多《おお》いかわかるんだ」

「そうか。ありがとう」

　カワさんとモリさんは、なかなおりをしてかえっていった。

大《おお》きくても少《すく》ない、小《ちい》さくても多《おお》い

カケルとワンくんは、町《まち》へ探検《たんけん》にでかけた。そこへ、ウミさんとリクさんが話《はな》しかけてきた。「どちらが多《おお》いか、わかるか?」とさしだされたのは、クジラとアリの絵《え》。大《おお》きいクジラと小《ちい》さなアリ。このふたつの多《おお》さをくらべることは、できるのかな?

大《おお》きなクジラと小《ちい》さなアリ

「カワとモリのケンカをとめたのは、おまえたちだろう? おれたちの話《はなし》もきいてくれよ」

と、ふたりがみせてきたのは、大《おお》きなクジラと小《ちい》さなアリの絵《え》。

「クジラとアリじゃ、大《おお》きさがちがう。そんなふたつでも、どちらが多《おお》いのかくらべられるのか?」

この質問《しつもん》にはカケルが反応《はんのう》した。

「たしかに大《おお》きさがちがいすぎるけれど、小石《こいし》をつかえば数《かず》をくらべることはできるんじゃない?」

ワンくんもつづけた。

「カケルのいうとおり。かぞえたいものと小石《こいし》を組《くみ》にしてください。小石《こいし》は、ものの大《おお》きさなどの特徴《とくちょう》に関係《かんけい》なく組《くみ》にしていいんだ」

「そうか。じゃあ、クジラとアリの勝負《しょうぶ》は、アリの勝《か》ちだな」

はなれているものでも、だいじょうぶ

「大《おお》きさは関係《かんけい》ないんだね。じゃあ、こんなばあいはどう？」

カケルが想像《そうぞう》しはじめた。

「クジラは、ひろい海原《うなばら》を1匹《ぴき》1匹《びき》が自由《じゆう》におよいでいるんだ。だけど、アリはならんであるくよね。こんなばあいでも、クジラとアリの多《おお》さくらべはできるのかな」

「それもかんたんさ。ひろい海《うみ》をおよぐクジラと小石《こいし》を組《くみ》にしたあとに、小石《こいし》を集《あつ》めて……」

「アリの列《れつ》の横《よこ》にならべるのか」

カケルがこたえた。

「どんなものでも、小石《こいし》と組《くみ》にすればどちらが多《おお》いかわかるよ。クジラとアリでもだいじょうぶ」

ワンくんは、満足《まんぞく》そうににっこりとわらった。

「2」をあらわすいいかたは？

「数《かず》のことばかり考《かんが》えていたら、おなかがへってきたよ」。カケルとワンくんは、町《まち》へでかけることにした。おやつがならぶ「おかしい屋《や》」で「チョコをふたつください」と注文《ちゅうもん》したカケル。「『ふたつ』ってなんだい？ もっとわかるようにいってくれないかい」。ふたりはこの店《みせ》でチョコを買《か》うことができるだろうか。

おかしい屋
ようかん、「目《め》」ください！
うぞ。
このお店《みせ》では、「目《め》」を「2」の代表《だいひょう》にしているんだね。

数《かず》をあらわすいいかた

おかしい屋《や》のおばあさん、「ふたつ」の意味《いみ》がわからないらしい。そこへ、ツルカメそろばん塾《じゅく》のツルさん、カメさんがやってきた。

「ようかんを『目《め》』くださいな」

「いつもありがとう。どうぞ」

カケルはワンくんになきついた。

「どういうこと？ ツルさんとカメさんは、なんで買《か》えたの？」

「『目《め》』というのは……。そうか。このおかしい屋《や》では、2を『目《め》』といっているんだ。『目《め》』はどんな人《ひと》や動物《どうぶつ》でもふたつだからね」

「チョコを『目《め》』ください」

「そのとおり。こんなふうにいってもらえばわかるよ」

おかしい屋《や》のおばあさんもにっこりだ。

「はい、どうぞ」

たくさんある「2」

「チョコじゃ、おなかいっぱいにならないよ」

満足《まんぞく》しないカケルは、おいしそうな肉《にく》まんを売《う》っているお店《みせ》をみつけた。

「肉《にく》まん、『目《め》』くださいな」

「『目《め》』ってなんだい？」

「おかしいな。さっきは『目《め》』でつうじたのに……」

ワンくんも頭《あたま》をひねった。

「そうか。ふたつあるものはたくさんあるものね。耳《みみ》、うで、足《あし》、あとは……」

「鼻《はな》のあなもだ」

「鼻《はな》のあなだって？　それならわかるよ。はい、どうぞ」

「やった！」

「それにしても、『2』をあらわすものはいっぱいあるなぁ」

ふたつのことばで数《かず》をつくる?

数《かず》のないせかいにもなれてきたふたり。カケルとワンくんのもとに、カワさんとモリさんから奇妙《きみょう》な手紙《てがみ》がとどいた。さて、この暗号《あんごう》のようなことばは、なにをあらわしているんだろう。

カケルくん、ワンくん
このあいだは、わたしたちのケンカをとめてくれてありがとう。きみたちには、なにかお礼《れい》をしたいと思《おも》っている。そこで、きょうの夕暮《ゆうぐ》れの時刻《じこく》にパーティーをひらこうと思《おも》う。
わたしたちはパーティーの準備《じゅんび》で手《て》がはなせないので、つぎのものをいくつかとってきてほしい。
木《き》の実《み》 ネテワ・ナオ
薬草《やくそう》 ネテワ・ネテワ・ネテワ
川《かわ》の魚《さかな》 ネテワ・ネテワ・ネテワ・ナオ
ネテワ=
ナオ=
よろしくたのむ!
カワ・モリより
ネテワとナオのくみあわせで、数《かず》をあらわしているんだね。
ネテワは指《ゆび》が2本《ほん》だから「2」、ナオは指《ゆび》が1本《ぽん》だから「1」だ!

くみあわせでできる数《かず》

「パーティーだって。やったね。よし、ワンくん、はやくいこう!」

「ちょっとまって、カケル。食材《しょくざい》を用意《ようい》するんだけど、このネテワとかナオの意味《いみ》がわからなければいけないよ」

ワンくんがつぶやく。

「ネテワやナオは、どうやら数《かず》をあらわしていそうだね」

「けれど、ネテワとナオのくみあわせしかなくて、どうやって数《かず》があらわせるんだい?」

「うーん。そうか、くみあわせか。木《き》の実《み》はネテワとナオのくみあわせ。ナオというのは、指《ゆび》が1本《ぽん》だけたっているから……」

カケルが大《おお》きな声《こえ》でさけんだ。

「そうか、『1』をあらわしているんだね!」

「そのとおり」

「ネテワは2本《ほん》の指《ゆび》がたっているから、『2』だ」

「そうすると、ネテワとナオがくみあわさるとどうなると思《おも》う？」

「2と1で……『3』のことか」

「もう、全部《ぜんぶ》の数《かず》がわかったね」

ワンくんもカケルもにっこり。

「数《かず》のないせかいでは、大《おお》きい数《かず》をあらわしたいときには、ネテワとナオをくみあわせることを考《かんが》えだしたんだね」

「数《かず》がないせかいの人《ひと》たちも、なかなかやるな」

「この考《かんが》えをつかえば、どんな数《かず》でもネテワとナオだけであらわせるってわけだ」

数《かず》のなまえをつけよう

カワさんとモリさんの招待《しょうたい》をうけたふたりは、さっそくパーティーにでかけた。パーティーでは、自分《じぶん》の食《た》べる量《りょう》をつたえなくてはいけない。でもカケルは、うまくつたえられないみたい。こまったなぁ……。

バラバラないいかた

「ハンバーグが『耳《みみ》』で、ポテトが『足《あし》の指《ゆび》』……あぁ、数《かず》のいいかたがこういろいろあっては、いちいち考《かんが》えるのがいやになるよ」

たくさんおかわりするカケルは、つたえるのがめんどうになった。

「数《かず》のいいかたか。そうだ！」

ワンくんは、パーティー会場《かいじょう》の中心《ちゅうしん》に走《はし》っていってマイクをとると、町《まち》の人《ひと》たちによびかけた。

「いまみんなでつかっている『耳《みみ》』や『鼻《はな》のあな』『うで』……こういう数《かず》になまえをつけましょう。『に』といって、『2』とかきましょう」

「いいね、ワンくん。それなら、『クローバー』は『さん』といって、『3』とかこうよ」

ふたりは、つぎつぎになまえをきめていった。

3、2、1、4、5……どれくらいの大《おお》きさなのかわかりづらい。大《おお》きさの順番《じゅんばん》にならべてみよう。
9 8 7 6 5 4 3 2 1
1、2、3、4、5、6、7、8、9。この順番《じゅんばん》をおぼえておけば、いつでもどの数《かず》がどれくらいの大《おお》きさだということがすぐにわかるね。

数《かず》をかぞえる

「さん、に、いち、ご、よん……みんなできまったいいかたをすれば、すぐにつたわるね」

町《まち》の人《ひと》たちは、また考《かんが》えてしまった。

「だけど、数《かず》の大《おお》きさがよくわからないな。いままでは鼻《はな》のあなを思《おも》いうかべればよかったけれど」

「それなら、おなじかたちのサイコロをつみあげていけば……」

「いち、に、さん、し、ご、ろく、しち、はち、くの順番《じゅんばん》か」

「数《かず》をかぞえることができたよ」

町《まち》の人《ひと》たちも納得《なっとく》してくれた。

その瞬間《しゅんかん》、メビウスノートがひかりだした。数《かず》がないせかいがきえ、ふたりは数《かず》をとりもどすことができた。

大《おお》きな数《かず》もへっちゃら

数《かず》をとりもどせたふたり。もとのせかいにもどってくることができた。しかし、カケルの家《いえ》ではまたまた問題《もんだい》が発生《はっせい》。お母《かあ》さんにたのまれて、近所《きんじょ》のこどもたちにくばるあめの数《かず》をかぞえることになったのだ。たくさんあるあめの数《かず》をかぞえられるかな。

たくさんあって、ならべきれないよ！
ならべてもバラバラになってしまうものは、タイルにおきかえてみよう！
タイルはひとつとひとつがくっつく。10個《こ》が1本《ぽん》になる。かぞえまちがいがなくなるよ。

くっつくタイルでかぞえよう

「19、20、21。あぁ、どこまでかぞえたのかわからないや。なにかいい方法《ほうほう》はないかなぁ。こういうときは……」

カケルはワンくんをよびだした。

「なんだい？　このあめだらけの部屋《へや》は？」

「あめの数《かず》をかぞえているあいだに、数《かず》がわからなくなったんだ」

ワンくんはヒントをくれた。

「ものをかぞえるときには、どうすればよかったんだい？」

「ならべるんだ。やってみる！」

しかし、すぐに問題《もんだい》がおきた。あめがたくさんあって、ならべきれない。これを見《み》て、ワンくんがタイルをとりだした。

「タイルをつかって、まとめてみよう」

10ずつまとめる

「タイルでまとめる……。そうか、10ずつまとめてみようかな」

カケルは、ちらかったあめをタイルにおきかえて、10ずつまとめてみた。

「十《じゅう》のまとまりが37本《ほん》とバラが5個《こ》になった」

「十《じゅう》のまとまり10本《ぽん》をさらにまとめて百《ひゃく》のまとまりをつくろう」

「百《ひゃく》のまとまりが3枚《まい》、十《じゅう》のまとまりが7本《ほん》、一《いち》のバラが5個《こ》。これならわかるよ。375だ」

「そうだね。数《かず》が多《おお》いときには、十《じゅう》ずつまとめて部《へ》屋《や》にいれよう。この部《へ》屋《や》のなまえを『位《くらい》』というよ。位《くらい》の部《へ》屋《や》にいれると、見《み》ただけで数《かず》がわかるよ」

あめの数《かず》も部《へ》屋《や》もすっきりした。

0～9で無限《むげん》の数《かず》

「位《くらい》の部屋《へや》をつかえば、数《かず》をかくのだって楽《らく》なのさ」

「どういうことだい？」

「位《くらい》の部屋《へや》ひとつには、9までしかはいらない。だから、10以上《いじょう》まとまったら、新《あたら》しい位《くらい》の部屋《へや》をつくる」

「それが十《じゅう》の位《くらい》なんだね」

「十《じゅう》の位《くらい》の部屋《へや》がいっぱいになったら、新《あたら》しく百《ひゃく》の位《くらい》の部屋《へや》をつくる。そして、その部屋《へや》にあるタイルのまとまりとおなじ数字《すうじ》をかけば……」

「三百七十五《さんびゃくななじゅうご》は375だ」

「この考《かんが》えをつかえば、0～9の数《かず》で無限《むげん》に数《かず》があらわせるよ」

「無限《むげん》かあ……いいひびきだな」

カケルは大《おお》きな数《かず》に夢中《むちゅう》になった。

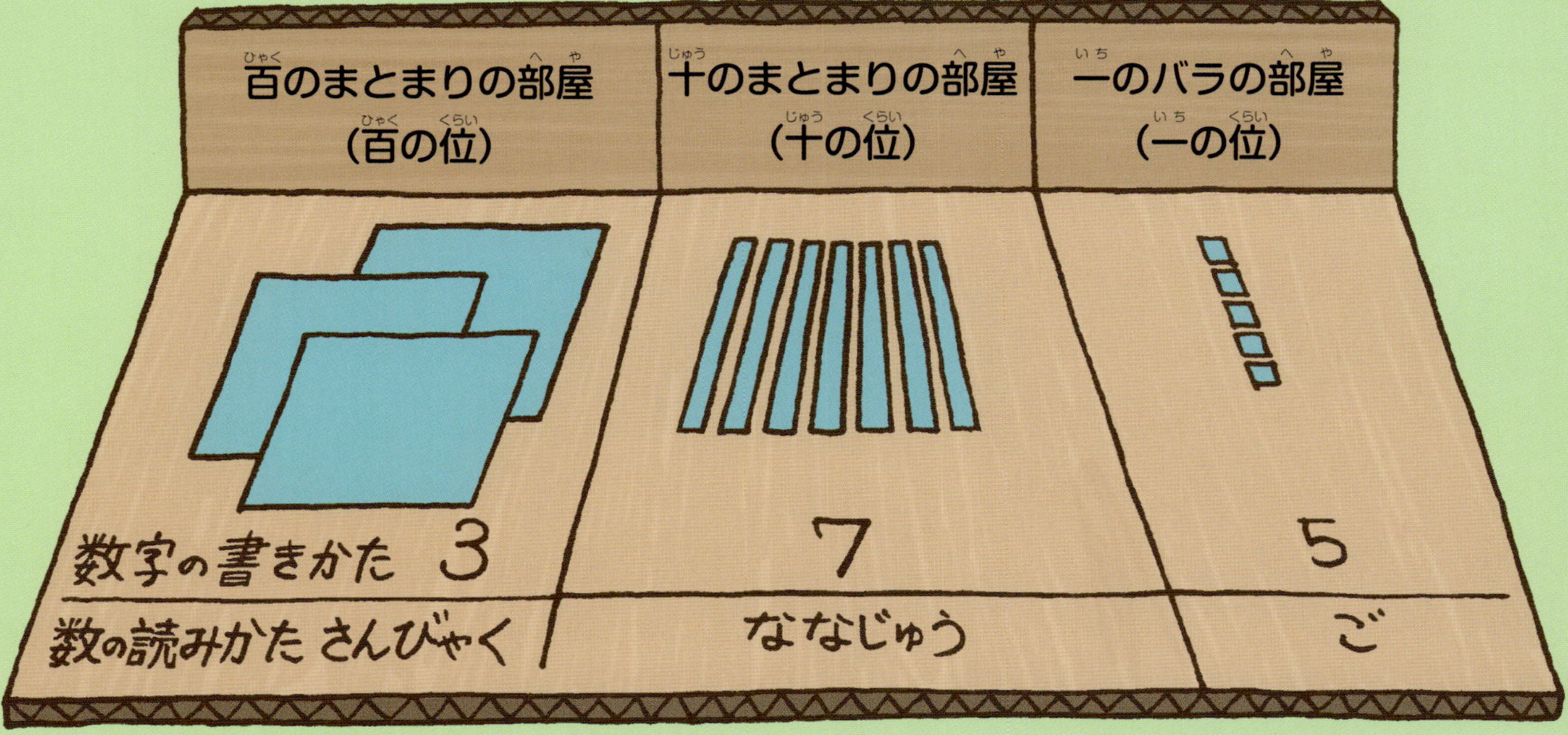

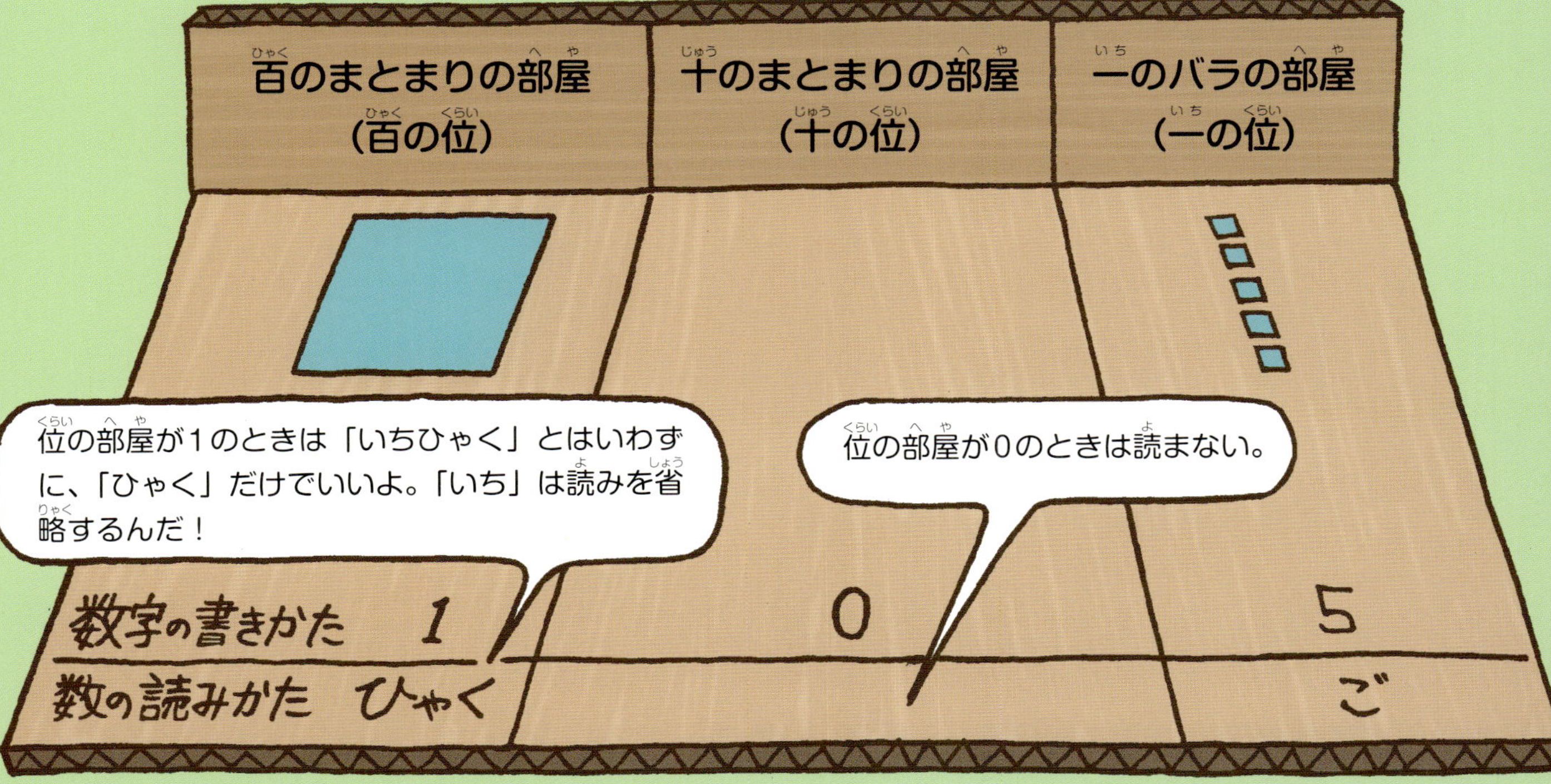

数《かず》の読《よ》みかたは？

「さんびゃくななじゅうご……かきかただけでなく、数《かず》の読《よ》みかたにも、なにかひみつがありそうだね」

「よく気《き》づいたね、カケル。位《くらい》の部屋《へや》をつかえば、数《かず》の読《よ》みかたも楽《らく》になるよ」

「まず、位《くらい》の部屋《へや》のなまえ、十《じゅう》や百《ひゃく》、千《せん》のまえに、その部屋《へや》にはいっているタイルの数《かず》をつけるよ。一《いち》の位《くらい》はそのまま読《よ》もう」

「三百七十五《さんびゃくななじゅうご》と読《よ》めるね」

「気《き》をつけなければいけないのが、たとえば位《くらい》の部屋《へや》にタイルがなにもないときさ」

「百五《ひゃくご》。十《じゅう》の位《くらい》は読《よ》まないんだね。位《くらい》のおかげで、数《かず》ってかんたんになるんだなあ」

ワンくんもうなずいた。

0は必要《ひつよう》？

おやつの時間《じかん》。だいすきなおまんじゅうがやめられないカケル。とうとうおまんじゅうを全部《ぜんぶ》食《た》べてしまった。そのようすを見《み》たお母《かあ》さんは、「食《た》べすぎよ、カケル。あしたのおやつは、0だからね！」とカンカンにおこってしまった。

なにもない数《かず》「0」

お母《かあ》さんにおこられたカケル。

「0なんて数《かず》がなければよかったんだ。0なんかいらない！」

ワンくんもだまっていない。

「カケル、0の意味《いみ》を知《し》っているかい？」

「なにもないってことだよ。ぼくは、おやつがなにもないなんて絶対《ぜったい》にいやだよ」

カケルのことばをきいて、ワンくんは質問《しつもん》した。

「ほんとうに、0いらないの？」

「うん、ぼくには0は必要《ひつよう》ない」

「そこまでいうなら……。そうだ。あした、ぼくからカケルにつぶあんのまんじゅうを5個《こ》、こしあんのまんじゅうを5個《こ》、プレゼントするよ。楽《たの》しみにしていてね」

10が1になる?

つぎの日《ひ》。ワンくんがカケルにくれたおまんじゅうは1個《こ》だった。

「ワンくん、つぶあんを5個《こ》、こしあんを5個《こ》っていったよね。全《ぜん》部《ぶ》で10個《こ》になるはずだよ」

「カケル、0はいらないっていったよね。0がないと10は1になるんだよ」

「0がないと、10や100が1になってしまうのか。ワンくん、やっぱりぼくには0が必要《ひつよう》だ。心《こころ》をいれかえて、おやつも0でがまんするよ」

0のたいせつさに気《き》づいたカケルを見《み》て、ワンくんもにっこり。

「0もいいけど、きょうはまんじゅうを半分《はんぶん》こだ!」

0のおかげで友情《ゆうじょう》は10になった。

1のつぎは10？

おつかいをたのまれておかしい屋《や》にりんごを買《か》いにきたふたり。おかしい屋《や》のおばあさん、またまたへんなことをいっている。1のつぎは10だって？ いったい、どういうことだろう。

おかしい屋
0、1、10、11、100、101、110、111、1000……
いくつ、りんごがほしいんだい？
0と1しかつかっていないね。1と0だけで数《かず》をあらわすことができるんだ。
りんご
りんごがなにもないのが0、りんご1個《こ》が1。
じゃあ、2個《こ》や3個《こ》のばあいはなんていうんだろう？
りんご0個《こ》
りんご1個《こ》
りんご？個《こ》
りんご？個《こ》

ふたつの数字《すうじ》で数《かず》をつくる

「りんごの数《かず》をかぞえよう。0、1、つぎは10、10のつぎは11、11のつぎは100、101のつぎは110だよ」

「どうして？ 1のつぎは2だよ。それに11のつぎは12じゃないか」

カケルは、ふしぎそう。それをきいて、ワンくんも考《かんが》えだした。

「ちょっとまって、カケル。0、1、10、11、100、101、……なんだか、つかっている数字《すうじ》がかぎられているね」

なにかひみつがありそうだ。

「おかしい屋《や》のおばあさんは、0と1しかつかっていないよ。それで数《かず》をあらわしているんだ」

「そのとおり！」

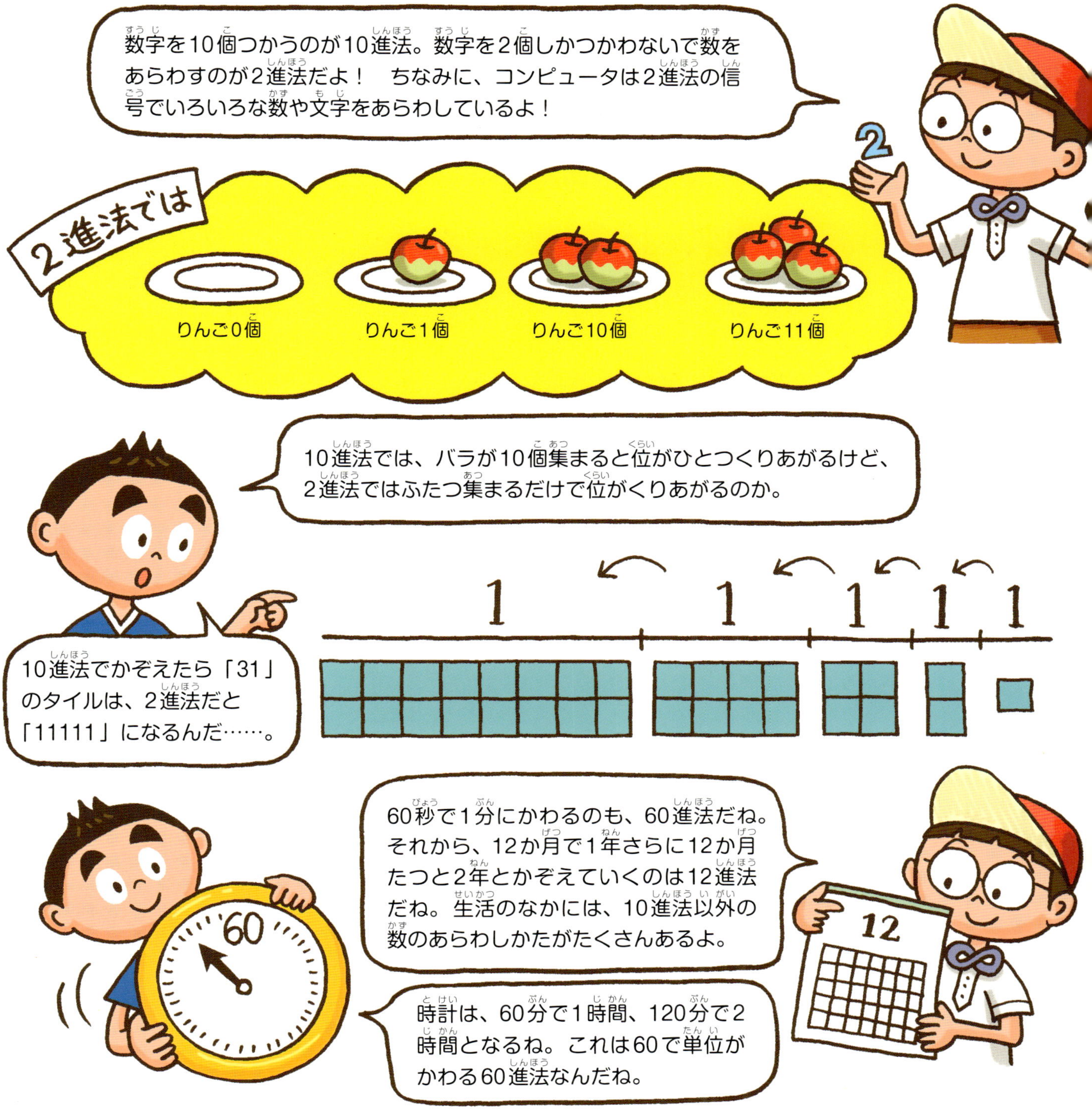
数字《すうじ》を10個《こ》つかうのが10進法《しんほう》。数字《すうじ》を2個《こ》しかつかわないで数《かず》をあらわすのが2進法《しんほう》だよ！　ちなみに、コンピュータは2進法《しんほう》の信号《しんごう》でいろいろな数《かず》や文字《もじ》をあらわしているよ！
2進法では
りんご0個《こ》
りんご1個《こ》
りんご10個《こ》
りんご11個《こ》
10進法《しんほう》では、バラが10個《こ》集《あつ》まると位《くらい》がひとつくりあがるけど、2進法《しんほう》ではふたつ集《あつ》まるだけで位《くらい》がくりあがるのか。
1 1 1 1 1
10進法《しんほう》でかぞえたら「31」のタイルは、2進法《しんほう》だと「11111」になるんだ……。
60秒《びょう》で1分《ぷん》にかわるのも、60進法《しんほう》だね。それから、12か月《げつ》で1年《ねん》さらに12か月たつと2年《ねん》とかぞえていくのは12進法《しんほう》だね。生活《せいかつ》のなかには、10進法以外《しんほういがい》の数《かず》のあらわしかたがたくさんあるよ。
60
12
時計《とけい》は、60分《ぷん》で1時間《じかん》、120分《ぷん》で2時間《じかん》となるね。これは60で単位《たんい》がかわる60進法《しんほう》なんだね。

○進法《しんほう》って？

「ぼくたちは0〜9の10個《こ》の数《かず》をつかう10進法《しんほう》をつかっているんだけど、0と1しかつかわない数《かず》のあらわしかただから……」

「2進法《しんほう》だね」

「おみごと！」

2進法《しんほう》はわかったけれど、新《あたら》しい疑問《ぎもん》がわいたカケル。

「2進法《しんほう》があるってことは、3進法《しんほう》や4進法《しんほう》もあるんだね。だけど……こんなへんなあらわしかたをどこでつかうの？」

「3進法《しんほう》や4進法《しんほう》はあまりなじみがないね。だけど、60で単位《たんい》がかわるという意味《いみ》の60進法《しんほう》はよくつかっているよ」

「60で単位《たんい》がかわるのは……時計《とけい》か」

「ほかにもまだありそうだね」

第《だい》2章《しょう》

計算《けいさん》のふしぎ

メビウスノートで、数《かず》と少《すこ》しだけなかよくなったカケル。
すると、算数《さんすう》でならったいろいろなことがふしぎに思《おも》えてきた。

1＋1は、どんなときでもかならず2になるの？
25÷3＝8あまり1という計算《けいさん》は、なんの役《やく》にたつの？

そんなことを考《かんが》えていたら、
台所《だいどころ》や食卓《しょくたく》、くらしのなかにいろいろな計算《けいさん》がかくれていることに気《き》がついた。
おや、教科書《きょうかしょ》のなかの数《かず》や九九《くく》の表《ひょう》にもおもしろいルールがみつかった。
電卓《でんたく》にだってふしぎな計算《けいさん》がかくれている。
指《ゆび》をつかった計算《けいさん》、
計算《けいさん》をつかったマジック、
1、2、3……とならんだだけの数《かず》にも、よくみてみるとひみつがある。

もしかして、計算《けいさん》のせかいはうつくしい?!

カケル、たし算《ざん》ですくう

カケルがやりかけの宿題《しゅくだい》をほうりだした。「やーめた。たし算《ざん》なんて、なんの役《やく》にもたたないや」。そばにいたワンくんがうなずく。「わかった。それなら、たし算《ざん》のないせかいへいってみよう」。そういって、「メビウスノート」をぱっとひらいた。

たし算《ざん》なんかなくてもへっちゃら

カケルはりんご市場《いちば》にいた。目《め》のまえにはりんご。右《みぎ》の皿《さら》にりんごが2個《こ》、左《ひだり》の皿《さら》にりんごが3個《こ》。

「そこのりんご、全部《ぜんぶ》おくれ。いくつあるかぇ？」

いかにもわるそうな魔女《まじょ》がやってきて、カケルにきいた。

ふたつの皿《さら》のりんごを、魔女《まじょ》がもってきたカゴにいれながら、かぞえてみよう。

「1、2、3、4、5」

2個《こ》のりんごと3個《こ》のりんごをあわせると5個《こ》になる。カゴのなかのりんごの数《かず》は、かぞえれば5個《こ》だとわかる。魔女《まじょ》は、「ヒエッヒエッ。たし算《ざん》なんか必要《ひつよう》ない」とわらいながら、りんごを買《か》っていった。

たし算《ざん》はすごい！

おや、むこうでお客《きゃく》が商人《しょうにん》になにか文句《もんく》をいっているみたいだ。「53個《こ》だ」「いや52個《こ》だ！」

ふたりは、ふたつのダンボール箱《ばこ》からりんごをだしては、ひとつふたつとかぞえるのだが、ふたりの数《かず》がどうしてもあわないようだ。

右《みぎ》の箱《はこ》にはりんごが20個《こ》、左《ひだり》の箱《はこ》にはりんごが35個《こ》はいっている。「20個《こ》＋35個《こ》というたし算《ざん》をつかえば、すぐわかるのに……」

カケルは思《おも》わずつぶやいた。

「たし算《ざん》のないせかいは不便《ふべん》だね。たし算《ざん》があれば、ダンボール箱《ばこ》にりんごがはいったままでも、ふたつをあわせた数《かず》がわかってしまうよ。さぁ、たすけてあげよう！」

ワンくんが、よこでニコニコしながらカケルをひっぱった。

カケル、ひき算《ざん》にすくわれる

サッカーの練習《れんしゅう》からかえってきたカケル。いつものようにおなかがペコペコだ。冷蔵庫《れいぞうこ》をあけると、お母《かあ》さんの手《て》づくりシュークリームがいっぱい。ひとつ食《た》べたらとまらない。パクパクパクパクパク、食《た》べすぎた。

おなかペコペコのカケルは、冷蔵庫《れいぞうこ》にはいっていた山《やま》もりのシュークリームを発見《はっけん》。おなかいっぱい食《た》べてしまった。

カケルは、とつぜんおなかがいたくなってしまった。

カケル、おなかの手術《しゅじゅつ》!?

夕方《ゆうがた》、お母《かあ》さんがかえってきた。カケルのうめき声《ごえ》がきこえた。冷《れい》蔵庫《ぞうこ》のまえで、カケルがおなかをおさえてたおれていた。

「どうしたの！　カケル」

「おなかがいたくて死《し》にそう」

「へんなものでも食《た》べたのかな」

「食《た》べてない。ちょっとシュークリームを食《た》べたけど……」

冷蔵庫《れいぞうこ》をあけたお母《かあ》さんはびっくり。山《やま》のようにつくったシュークリームがあと少《すこ》ししかない。

「いそいで病院《びょういん》へいきましょう」

診察《しんさつ》をおえて先生《せんせい》がいった。

「いったい、シュークリームをいくつ食《た》べたんだい？」

「おぼえていません」

「それはこまった。おなかを切《き》って調《しら》べるとするか」

お母《かあ》さんがつくったシュークリームが25個《こ》。のこっていたシュークリームが8個《こ》。25個《こ》と8個《こ》のちがいが、カケルが食《た》べたシュークリームの数《かず》になる。25個《こ》と8個《こ》のちがいを知《し》りたいときは、ひき算《ざん》をつかう。

なきだすカケル

そこへ、うわさをきいてみまいにやってきたワンくん。

「おばさん、シュークリームはいくつのこっていましたか？」

「8個《こ》よ」

「シュークリームは、いくつつくったのですか？」

「たしか、25個《こ》」

「おなかを切《き》らなくても、カケルくんの食《た》べた数《かず》がわかりました。つくった数《かず》とのこった数《かず》のちがいが、カケルくんの食《た》べた数《かず》です」

「ちがいを知《し》りたいときは、ひき算《ざん》をつかうのね」

「食《た》べすぎはいけないよ。でも、食《た》べた数《かず》がわかったので、この薬《くすり》をのめばすぐによくなるぞ」

お医者《いしゃ》さんがそういった。

カケルは、涙《なみだ》をふいてわらった。

「1＋1＝2」ってほんとうに正《ただ》しいのだろうか

きょうはカケルの誕生日《たんじょうび》。ワンくんとエンちゃんは、すでにカケルの家《いえ》でカケルのかえりをまっている。カケルが、いつものとおりサッカーの練習《れんしゅう》をおえて走《はし》ってかえってきた。そして、いつものように、「ただいまー。おなかすいたー」。

誕生日《たんじょうび》、おめでとう

お母《かあ》さんが「はいはい」といいながら、テーブルに大《おお》きなシュークリームをおき、コップに牛乳《ぎゅうにゅう》をそそいでくれた。

「おばさん、ありがとう。でも、わたし、牛乳《ぎゅうにゅう》、にがてなの」

「そうだったわね。エンちゃんは野菜《やさい》ジュースにしましょうね」

「エンちゃんの牛乳《ぎゅうにゅう》、ボクがのむ」

すかさずカケルがそういって、台所《だいどころ》から、お父《とう》さんがビールをのむときにつかう大《おお》きなジョッキをもってきた。

そこに、自分《じぶん》の牛乳《ぎゅうにゅう》とエンちゃんの牛乳《ぎゅうにゅう》をいれる。

「かんぱーい！」

「誕生日《たんじょうび》、おめでとう！」

楽《たの》しそうにおしゃべりをしていたカケルが、ふと首《くび》をかしげた。

これは、2はいじゃない

「1＋1＝2のはずなのに、1ぱいと1ぱいをあわせても、2はいにはならないんだね」

「どういうこと？」

牛乳《ぎゅうにゅう》をのみおわったカケルは、台所《だいどころ》にいって、ジョッキに水《みず》をいれてもってきた。

「水《みず》はコップに何《なん》ばい？」

ふたりは声《こえ》をそろえて、

「1ぱい」

「ほら、1ぱい＋1ぱい＝1ぱいでしょ」

「でも、コップの大《おお》きさがちがう」

「じゃあ、これ、2はいなの？」

「う～ん、大《おお》きなコップだけど、2はいじゃないわね。たしかに1ぱいだわ」

3人《にん》とも、はっきりしないまま、その日《ひ》は家《いえ》にかえることにした。

つぎの日《ひ》、学校《がっこう》で

「わたし、わかっちゃった！」

「どういうこと？　エンちゃん」

「あのねカケル、牛乳《ぎゅうにゅう》の量《りょう》は、LやdLではかるものなのよ。きのうは、小《ちい》さいコップの牛乳《ぎゅうにゅう》が1dLだとして、1dL＋1dL。カケルの大《おお》きなジョッキには、ちゃんと小《ちい》さなコップ2はいぶん、2dLの牛乳《ぎゅうにゅう》がはいったことになるわ」

　するとワンくんも、

「水《みず》のようなものは、つぎつぎにふやしても、ひとつのかたまりになってしまうでしょ。だから、大《おお》きなジョッキに、牛乳《ぎゅうにゅう》2はい、3ばいといれても、やはり1ぱいにしかならないんだ。水《みず》のようなものは、おなじいれものにいれて、そのいれものの数《かず》で、どのくらいあるかをあらわすんだ」

※1L：1リットル　1dL：1デシリットル

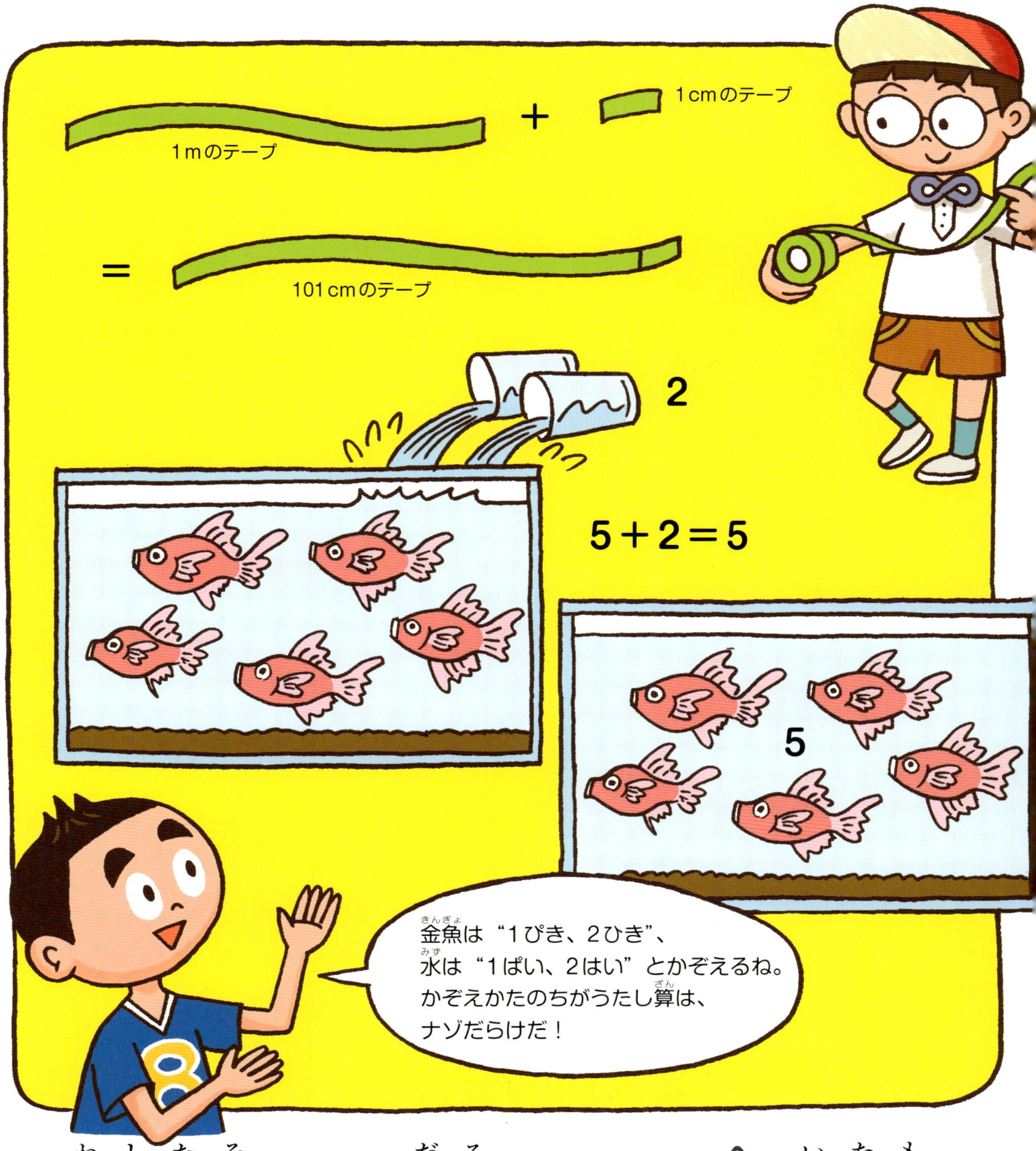

「そうか、シュークリームはいつもバラバラだけど、牛乳《ぎゅうにゅう》はあわせたらつながってしまうから、1ぱいにしか見《み》えないんだね」

へんなたし算《ざん》

「これはどう？　1＋1＝101」

「なに、ワンくん？　そのたし算《ざん》」

「単位《たんい》をつけて1m＋1cm＝101cm」

「100cm＋1cm＝101cm！　単位《たんい》をそろえると、正《ただ》しいたし算《ざん》になるんだね」

「5＋2＝5ってな〜んだ？」

「わからないわ」

「水槽《すいそう》に5ひきの金魚《きんぎょ》がいました。そこに、水《みず》を2はい、くわえました。くわえたのだから、たし算《ざん》でしょ。金魚《きんぎょ》はあわせて5ひきです。ね、5＋2＝5になるでしょ」

「かぞえかたのちがうものは、たし算《ざん》ができないんだね」

※1m：1メートル　1cm：1センチメートル

電卓《でんたく》であそんでいたら……

カケルがズルをしている。計算《けいさん》ドリルの宿題《しゅくだい》を、電卓《でんたく》をつかって鼻歌《はなうた》まじりでかたづけているのだ。となりで見《み》ているエンちゃんとワンくんは、こまったもんだと顔《かお》を見《み》あわせている。

電卓《でんたく》のキーのふしぎ

電卓《でんたく》であそんでいたカケルがとつぜん大《おお》きな声《こえ》で、

「ねえねえ、おもしろいこと発見《はっけん》しちゃった。たてにならんだキーをつかうと、963－852＝111、852－741も111になるんだよ！」

すると、エンちゃんも、

「よこにならんだキーではどうなるかな。789－456＝333、456－123も333になってるわ」

こんどはワンくん、

「これはどう？ 74－47＝27、41－14＝27、85－58＝27、52－25＝27、96－69も、63－36も27だね」

カケルとエンちゃんはびっくり。電卓《でんたく》にこんなふしぎがあったなんて。ワンくんはつづけて、

「こんなたし算《ざん》もあるよ。いっしょにやってみよう」

ならんでいる3つの数《かず》を4つ
たすと2220になるんだ。
たとえば、
123＋369＋987＋741
1周《しゅう》まわると、ほらね、
2220になる。
こんどは反対《はんたい》まわり。
147＋789＋963＋321＝
2220

ほんとうだわ。
これはどうかしら。
123＋357＋789＋951
2220 になったわ！
では、その反対《はんたい》まわり、
987＋753＋321＋159
やっぱり2220 になるんだ！
ほかにもありそうだね。

456＋654＋456＋654＝2220
852＋258＋852＋258＝2220

じゃあ、とっておき。これは？
555＋555＋555＋555
あはは、2220だ！

ほかにもあるかな？　どうやったら2220になるのかな？

ならんだ数字《すうじ》にかくれたひみつ

1、2、3……エンちゃん、ワンくん、カケルの3人《にん》が数字《すうじ》の表《ひょう》を見《み》て大《おお》さわぎをしている。大発見《だいはっけん》をしたんだって。どんな大発見《だいはっけん》なんだろう？

この表《ひょう》に、すごいひみつがかくされているんだ。
よこにならんだ数《かず》の一《いち》の位《くらい》は、0、1、2、3……とならんでいるね。

0	1	2	3	4	5	6	7	8	9
10	11	12	13	14	15	16	17	18	19
20	21	22	23	24	25	26	27	28	29
30	31	32	33	34	35	36	37	38	39
40	41	42	43	44	45	46	47	48	49
50	51	52	53	54	55	56	57	58	59
60	61	62	63	64	65	66	67	68	69
70	71	72	73	74	75	76	77	78	79
80	81	82	83	84	85	86	87	88	89
90	91	92	93	94	95	96	97	98	99

3人《にん》の大発見《だいはっけん》

1と2をあわせると3になる。1→2→3と、つづいている。

そこでカケルが、

「ほかの数《かず》ではどうだろう。2＋3は4にならない。11＋12も13にならない。やっぱりダメか」

すると、エンちゃん、

「＝の右《みぎ》も左《ひだり》もふたつにして、たとえば4、5、6、7は、ならべかえると、4＋7＝5＋6になるわ。11＋14も12＋13とおなじよ」

「いちばん小《ちい》さい数《かず》といちばん大《おお》きい数《かず》をたすと、あいだのふたつの数《かず》をたした数《かず》とおなじになるんだね」

ふたりの話《はなし》をききながら考《かんが》えていたワンくん、

「左《ひだり》がわを3つにしてみよう。4＋5＋6は15になる。15になる数《かず》たてよこ2マスの4つの数《かず》は、ななめの数《かず》をたすとおなじになる。たて3マス、よこ2マスの数《かず》も、4すみの4つの数《かず》のななめをたすとおなじになる。
たてよこ3マスやたて2マス、よこ4マスではどうだろう。

3	4
13	14

ワンくん、エンちゃん、カケルが発《はっ》見《けん》したことを順《じゅん》にならべると、きれいな三角形《さんかっけい》になる。

1＋2＝3
4＋5＋6＝7＋8
9＋10＋11＋12＝13＋14＋15
16＋17＋18＋19＋20＝21＋22＋23＋24
25＋26＋27＋28＋29＋30＝31＋32＋33＋34＋35
36＋37＋38＋39＋40＋41＋42＝43＋44＋45＋46＋47＋48
49＋50＋51＋52＋53＋54＋55＋56＝57＋58＋59＋60＋61＋62＋63
だ、大発見《だいはっけん》！
＝をはさんで、左《ひだり》に2つなら、右《みぎ》に1つ 左《ひだり》に3つなら、右《みぎ》に2つ 左《ひだり》に4つなら、右《みぎ》に3つ 数字《すうじ》のピラミッドだ！

は？　ほら、7＋8は15だ！　4＋5＋6＝7＋8。すごい！　4→5→6→7→8とならんでるよ！」

エンちゃんも発見《はっけん》。

「つづきの、9＋10＋11＋12は42で、13＋14＋15も42よ」

カケルがひらめいた。

「わかったぞ。ひとつずつ数《かず》をふやしていけばいいんだ。

最初《さいしょ》の1＋2＝3は、左《ひだり》にふたつの数《かず》、右《みぎ》にひとつの数《かず》。4＋5＋6＝7＋8では、左《ひだり》がわが3つで右《みぎ》がわがふたつ。9＋10＋11＋12＝13＋14＋15、左《ひだり》がわが4つで右《みぎ》がわが3つ。つぎは、左《ひだり》がわが5つで右《みぎ》がわが4つだから、16＋17＋18＋19＋20＝21＋22＋23＋24」

「だ、大発見《だいはっけん》！」

3人《にん》が声《こえ》をそろえてさけんだ。

たし算《ざん》とかけ算《ざん》はにてる？　にてない？

もうすぐ4年生《ねんせい》になるカケル、エンちゃん、ワンくんの3人組《にんぐみ》。3人《にん》の目標《もくひょう》は「算数《さんすう》探偵団《たんていだん》メビウス」のメンバーをふやすこと。さて、何人《なんにん》の友《とも》だちができるのだろう。

友《とも》だち大作戦《だいさくせん》

「ぼくは始業式《しぎょうしき》の日《ひ》から毎日《まいにち》1人《ひとり》ずつ友《とも》だちをつくるんだ。4月《がつ》6日《むい》が始業式《しぎょうしき》だから、4月中《がっちゅう》に25人《にん》の友《とも》だちができるぞ」

と、カケル。すると、負《ま》けずぎらいなエンちゃんが、

「わたしは1日《にち》に2人《ふたり》ずつ友《とも》だちをつくるわ。25日《にち》あるから、2＋2＋2＋……だから50人《にん》できるわ。あっ、そうか、かけ算《ざん》すればいいんだ。2人《ふたり》×25日《にち》で50人《にん》よ」

それをきいていたワンくんがへんなことをいいだした。

「『友《とも》だちの友《とも》だちは友《とも》だち』だよ。もし、始業式《しぎょうしき》の日《ひ》に友《とも》だちを2人《ふたり》つくったとして、この2人《ふたり》がつぎの日《ひ》にそれぞれ2人《ふたり》の友《とも》だちをつくったら、一気《いっき》に4人《にん》の友《とも》だちがふえる。そうすると……」

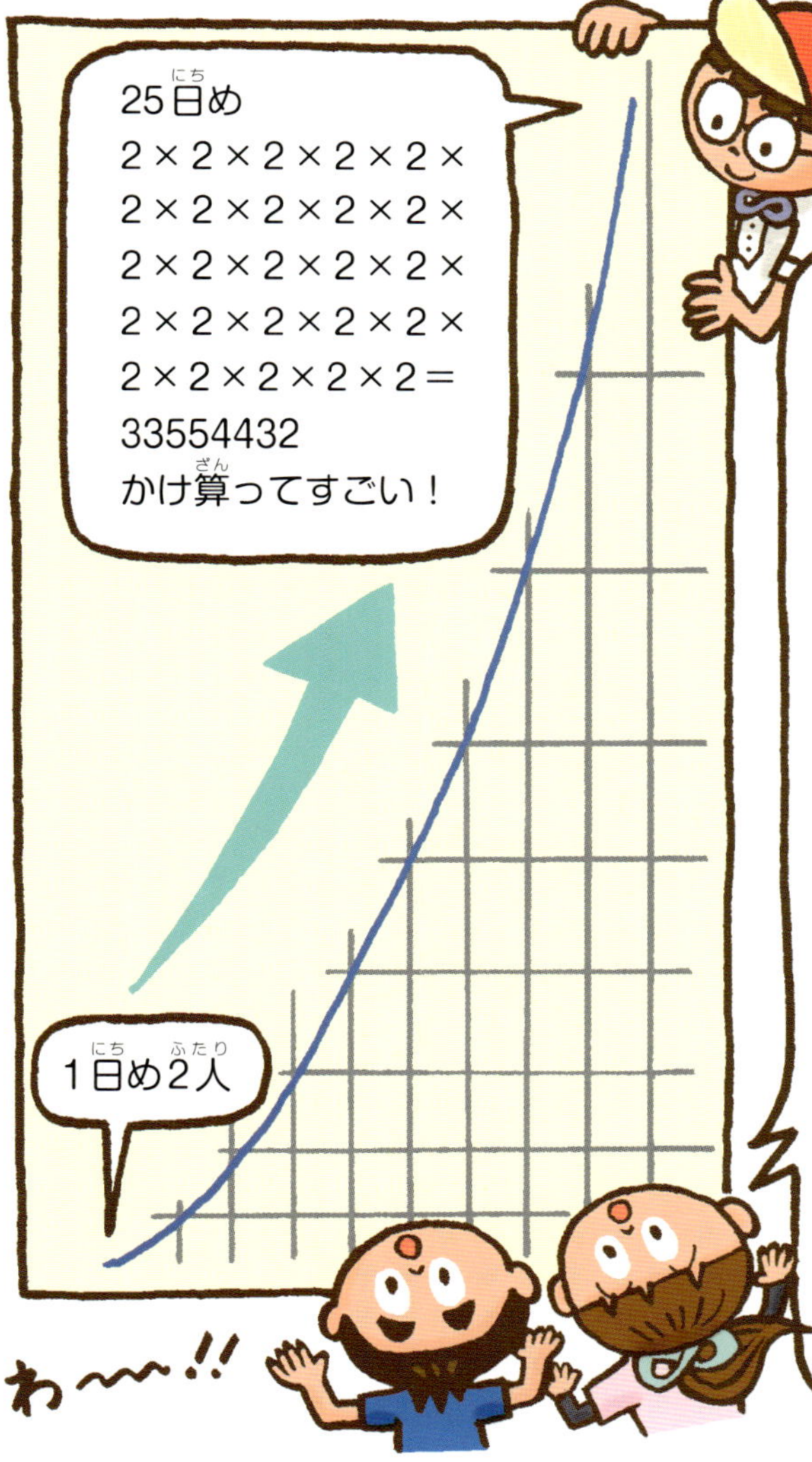

ワン「2人《ふたり》＋4人《にん》＝6人《にん》
2日《ふつか》で6人《にん》になるよ、わかる？
3日《みっか》で、2＋4＋8＝14人《にん》、
4日《よっか》で、2＋4＋8＋16＝30人《にん》。
『友《とも》だちの友《とも》だちは友《とも》だち作戦《さくせん》』だと、4日《よっか》で30人《にん》の友《とも》だちができる」
カケル「2人《ふたり》のつぎの日《ひ》は4人《にん》、そのつぎの日《ひ》は8人《にん》、つぎは16人《にん》……。2倍《ばい》の人数《にんずう》ずつふえるんだね」
ワン「そう。ふえる友《とも》だちの数《かず》は、最初《さいしょ》の日《ひ》は2人《ふたり》、つぎの日《ひ》は2×2＝4、そのつぎの日《ひ》は、2×2×2＝8、そのつぎは2×2×2×2＝16って、どんどん多《おお》くなるんだ」
エン「2＋2＋2＋……と、2を25回《かい》たすと50になるのに、2×2×2×……と、2を25回《かい》かけると、いったいいくつになるのかしら？」
カケル「100以上《いじょう》になるんじゃないの」
ワン「いや、1000をこえるかもしれないよ」
カケル・エン「えええ〜っ！」

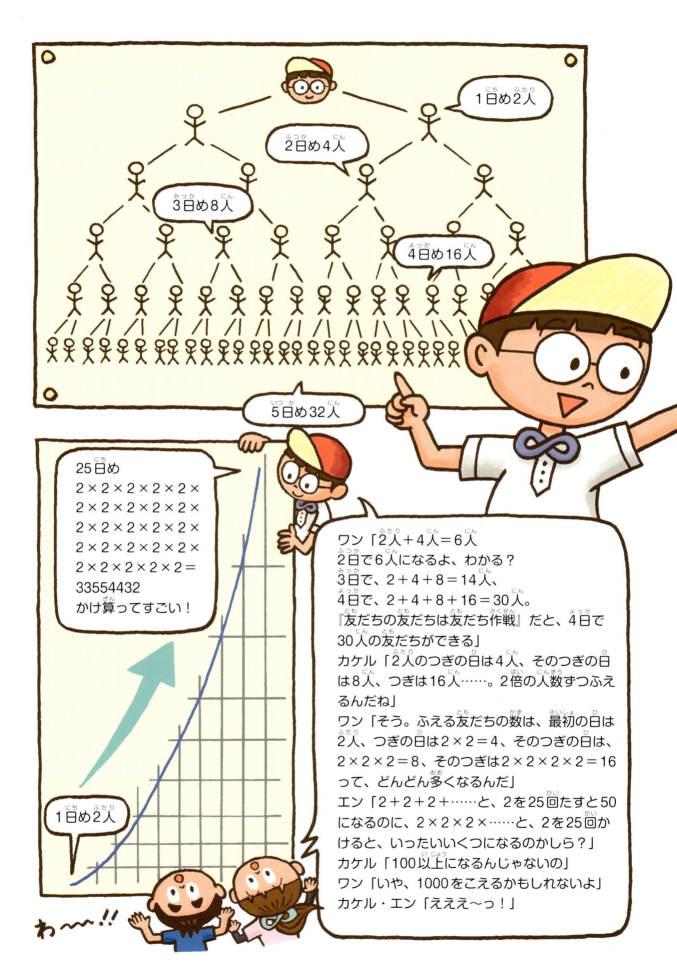

かけ算《ざん》って、どんなとき役《やく》にたつの？

たし算《ざん》とかけ算《ざん》のちがいに気《き》づいた3人《にん》。もっとかけ算《ざん》について知《し》りたくなった。エンちゃんがいった。「あわせたときにはたし算《ざん》、のこりがわかるのがひき算《ざん》。じゃあ、かけ算《ざん》って、いったいなんなの？」

みかんとみかん、おなじなかまを
たしてる。だけど、数《かず》はちがう。
高《たか》さがバラバラ

みかんとお皿《さら》、ちがうものをかけてる。
このみかんの数《かず》は、代表《だいひょう》なんだ。
どの皿《さら》にもおなじ数《かず》のみかんがあるから、
代表《だいひょう》をひとつつかえば、かけ算《ざん》がつかえるんだ。

九九《くく》は、かけ算《ざん》？

カケルがいった。

「かけ算《ざん》なんてかんたんだよ。ににんがし、しごにじゅう、くくはちじゅういち、だよ」

するとワンくん、

「それは九九《くく》でしょ。九九《くく》は1けたのかけ算《ざん》の答《こた》えの一覧表《いちらんひょう》を、おぼえやすくしたものだよ。エンちゃんがなやんでいるのは、かけ算《ざん》の役割《やくわり》だと思《おも》うよ」

エンちゃんがこたえた。

「わたしが知《し》りたいのは、かけ算《ざん》が役《やく》にたつときって、どんなときなんだろうってこと。たし算《ざん》とにているような気《き》もするし、全然《ぜんぜん》ちがうような気《き》もするし……」

たし算《ざん》とかけ算《ざん》のちがい。

エンちゃんのなやみがやっと理解《りかい》できたカケル。

よこにくっつくのがたし算《ざん》なんだ。

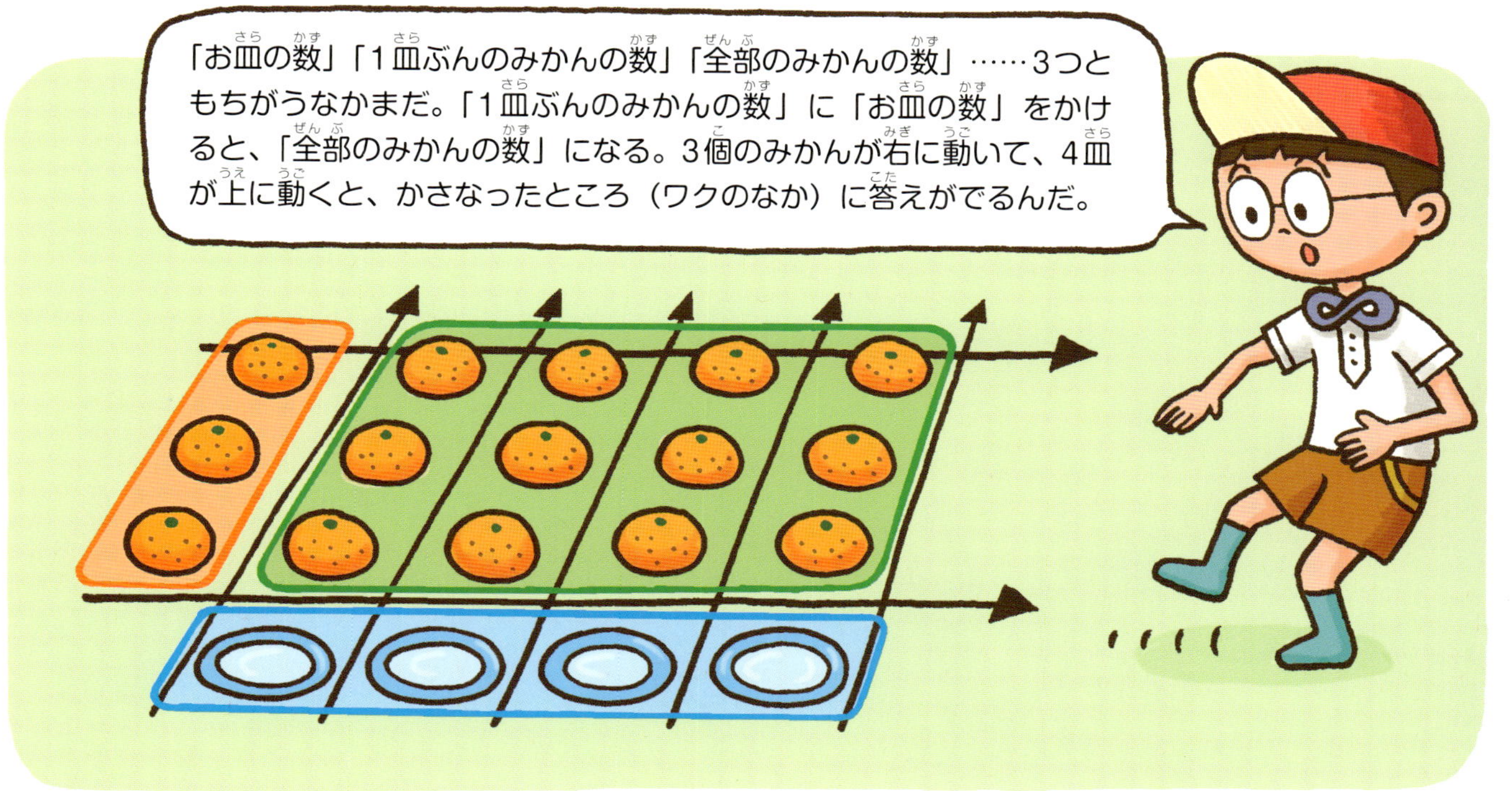
「お皿《さら》の数《かず》」「1皿《さら》ぶんのみかんの数《かず》」「全部《ぜんぶ》のみかんの数《かず》」……3つともちがうなかまだ。「1皿《さら》ぶんのみかんの数《かず》」に「お皿《さら》の数《かず》」をかけると、「全部《ぜんぶ》のみかんの数《かず》」になる。3個《こ》のみかんが右《みぎ》に動《うご》いて、4皿《さら》が上《うえ》に動《うご》くと、かさなったところ（ワクのなか）に答《こた》えがでるんだ。

「お皿《さら》にみかんが3つあって、そういうお皿《さら》が4枚《まい》ならんでるとき、全部《ぜんぶ》のみかんの数《かず》は、さんしじゅうにだから12個《こ》……だよね？」

「全部《ぜんぶ》の数《かず》を知《し》りたいなら、たし算《ざん》がつかえるわ。3＋3＋3＋3で12でしょ？」

「そうか、かけ算《ざん》じゃなくてもいいよね。にてるけど……」

なやむふたりを見《み》てワンくんが、

「お皿《さら》の上《うえ》にみかんが3つあったり、ふたつだったり、4つだったり、バラバラのときはかけ算《ざん》はつかえないね。どのお皿《さら》にもおなじ数《かず》のみかんがあるときだけ、かけ算《ざん》がつかえる。みかんをたてにならべたときに、でこぼこになっていたらたし算《ざん》、高《たか》さがそろっていたらかけ算《ざん》がつかえるんだね」

3人《にん》は、ほかにもたし算《ざん》とかけ算《ざん》のちがいがあるかどうか考《かんが》えた。

カレンダーをよく見《み》てみると……

「あ～あ、もうすぐ学校《がっこう》がはじまっちゃう……」

夏休《なつやす》みがのこり少《すく》なくなってきた。かなしい顔《かお》をして8月《がつ》のカレンダーをぼんやり見《み》ているカケル。そこにエンちゃんがやってきた。

カレンダーはおもしろい

「カレンダーの数《かず》って、すぐ上《うえ》の数《かず》に7をたした数《かず》になるのね」

エンちゃんがいうと、

「あたりまえだよ。1週間《しゅうかん》は7日《なのか》だもの。8月《がつ》5日《いつか》が月曜日《げつようび》なら、7をたした12日《にち》がつぎの月曜日《げつようび》さ」

とこたえるカケル。

「そうね。だから右下《みぎした》にななめにならんだ数《かず》は8ずつふえるのね。左下《ひだりした》にななめにならんだ数《かず》は6ずつふえてるわ」

「え？　ホントだ。さすがエンちゃん。新発見《しんはっけん》だね」

そこにワンくんがやってきた。

「カレンダーのたてよこ2つずつ、4つの数《かず》をかこんで、ななめの数《かず》をたすとおなじ数《かず》になるよ」

「ホントだ。どこの4つでも、な

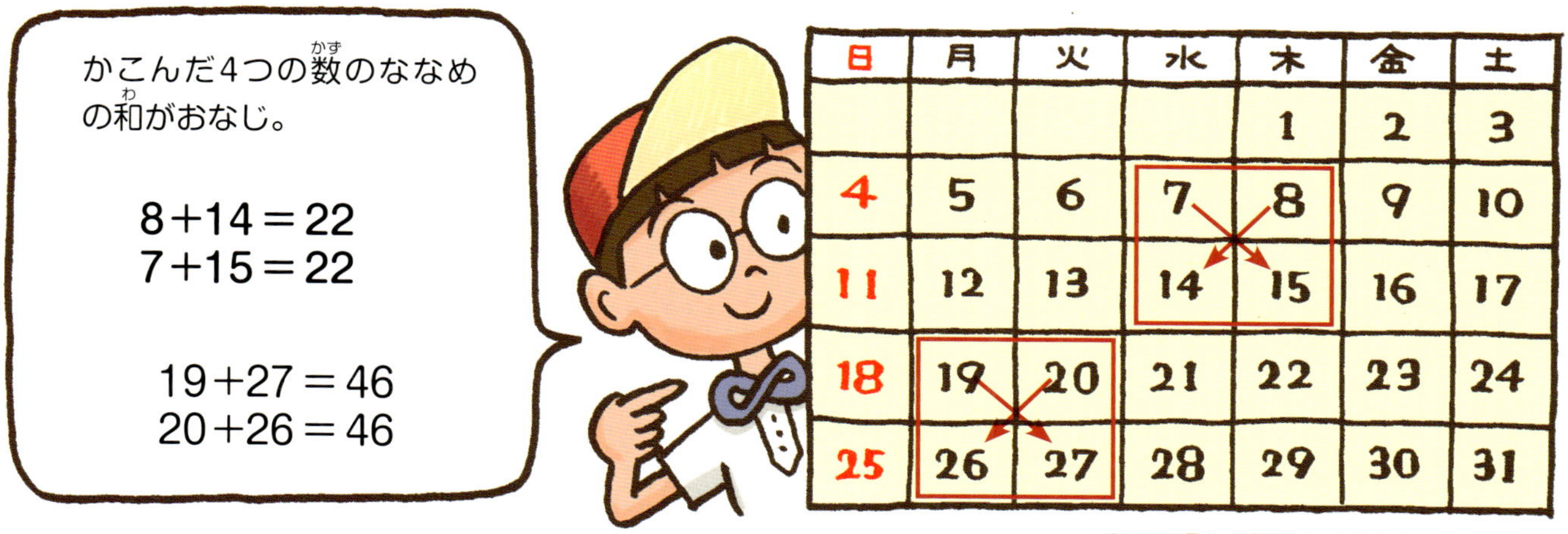
かこんだ4つの数《かず》のななめの和《わ》がおなじ。
8＋14＝22
7＋15＝22
19＋27＝46
20＋26＝46
日 月 火 水 木 金 土

日 月 火 水 木 金 土
9ますの数《かず》は、まんなかを中心《ちゅうしん》にして、たて・よこ・ななめの和《わ》がおなじ。しかも、まんなかの数《かず》の3倍《ばい》になるよ。
7＋14＋21＝13＋14＋15＝8＋14＋20＝6＋14＋22＝42
9個《こ》の数《かず》の和《わ》は、まんなかの数《かず》の9倍《ばい》。
6＋7＋8＋13＋14＋15＋20＋21＋22＝14×9＝126

カギ型《がた》にたしてみよう！
和《わ》はどうなるかな？
1＋2＋9＋16＋17＝9×□
13＋12＋19＋26＋25＝19×□
日 月 火 水 木 金 土

なめの数字《すうじ》をたすとおなじ数《かず》になる！」

「こんどは、たてよこ3つずつ、9個《こ》の数《かず》をかこんでみよう」

とワンくんがいうと、カケルが、

「これもななめにならんだ3つの数《かず》をたすとおなじ数《かず》になる！」

と、びっくり。エンちゃんも、

「ななめだけじゃなくて、たてのまんなか3つの数《かず》、よこの3つの数《かず》も、たすとおなじだわ」

と、おどろいた。

すると、ワンくんがいった。

「3つの数《かず》の和《わ》は、いつもまんなかの3倍《ばい》になってるんだよ。9個《こ》の数《かず》の合計《ごうけい》だと、まんなかの数《かず》の9倍《ばい》になるよ」

カケルとエンちゃんはさっそく

「計算《けいさん》してみよう。まんなかが9のときは……。すごい！　9個《こ》の数《かず》の合計《ごうけい》が81になってる！」

九九《くく》をわすれたらどうしよう

カケルが夜中《よなか》にとびおきた。汗《あせ》びっしょり。こわい夢《ゆめ》を見《み》たらしい。おぼえたはずの九九《くく》をすっかりわすれてしまった夢《ゆめ》のようだ。先生《せんせい》からなんども、「九九《くく》をわすれたら、これから算数《さんすう》がすべてわからなくなります」といわれていたからね。

ワー!!

1の段《だん》は、かけられる数《かず》やかける数《かず》がそのまま答《こた》えになるから、おぼえなくてもだいじょうぶ！
かけられる数《かず》とかける数《かず》をとりかえても、答《こた》えはおなじ！ 半分《はんぶん》おぼえればいいんだね。

	1	2	3	4	5	6	7	8	9
1	1	2	3	4	5	6	7	8	9
2	2	4	6	8	10	12	14	16	18
3	3	6	9	12	15	18	21	24	27
4	4	8	12	16	20	24	28	32	36
5	5	10	15	20	25	30	35	40	45
6	6	12	18	24	30	36	42	48	54
7	7	14	21	28	35	42	49	56	63
8	8	16	24	32	40	48	56	64	72
9	9	18	27	36	45	54	63	72	81

この36題《だい》だけをおぼえればいいのよ。

カケルの見《み》た夢《ゆめ》

かけ算《ざん》九九《くく》は全部《ぜんぶ》で81題《だい》。カケルはそのうちのたったひとつだけおぼえていた。

「さんし、じゅうに」

あとの80題《だい》が、どうしても思《おも》いだせない……。そんな夢《ゆめ》を見《み》たカケル。

話《はなし》をきいたエンちゃんがいった。

「81題《だい》は多《おお》いようだけど、1の段《だん》は、かける数《かず》がそのまま答《こた》えになっているから、おぼえなくてもだいじょうぶ。それに、『しろく、にじゅうし』をおぼえれば、『ろくし、にじゅうし』もいえるよね。そうすると、のこりは36題《だい》。これだけおぼえればいいのよ」

そこへワンくんもやってきた。

「カケルは『さんし、じゅうに』をおぼえていたんだよね。3の

段《だん》の九九《くく》は3つずつふえるから、『さんご』は『さんし』の答《こた》えの12に3をたして15になるよ」

エンちゃんも、

「『さざん』は12より3だけ小《ちい》さい数《かず》だから9なのね」

「そうか、3の段《だん》の九九《くく》は、3をふやしたりへらしたりすれば全部《ぜんぶ》みつかるんだね」

とカケル。さらにワンくんが、

「九九《くく》はかけ算《ざん》だから、かけ算《ざん》の図《ず》をかいてかぞえれば答《こた》えがわかるよ。九九《くく》をわすれても、心配《しんぱい》いらないよ」

「え〜！　かけ算《ざん》の図《ず》ってどんな図《ず》なの？　はやく教《おし》えて！」

と、カケルは興味《きょうみ》しんしん。

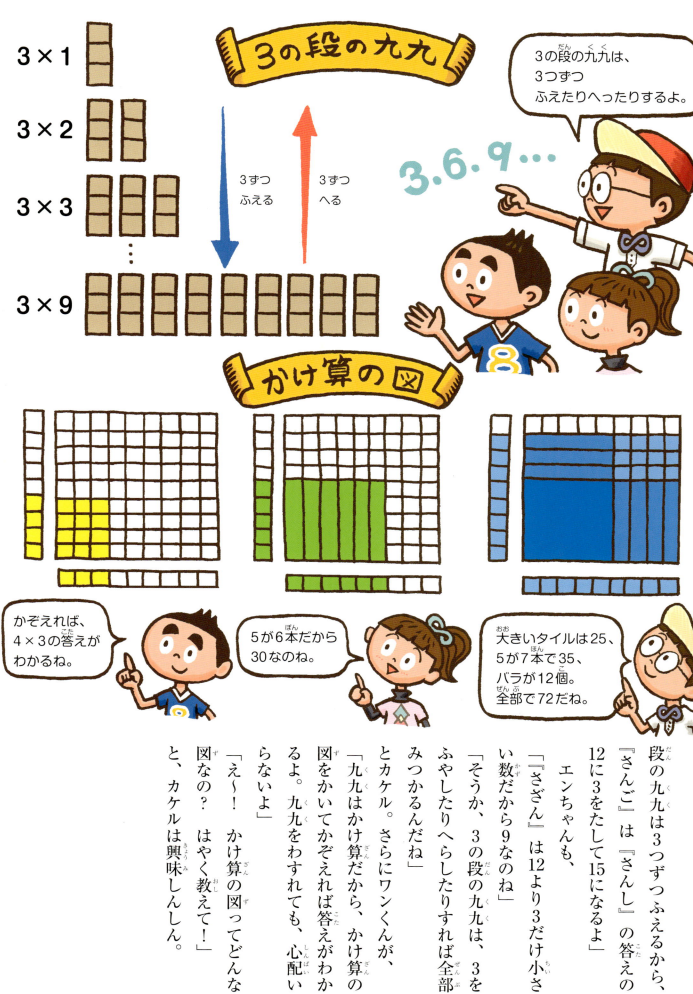

九九《くく》表《ひょう》もおもしろい

九九《くく》をおぼえた3人《にん》は、九九表《くくひょう》を見《み》ながらおしゃべりをしている。

「九九表《くくひょう》にもおもしろいきまりがありそうだね」

3人《にん》は、つぎつぎと表《ひょう》にかくれているひみつを見《み》つけた。

1×1=1
2×2=4
3×3=9
4×4=16
のような、おな
じ数《かず》どうしのか
け算《ざん》の答《こた》えは、
ななめにならん
でいるね。
ななめの線《せん》で表《ひょう》をおると、おなじ数《かず》がかさなる。おなじ色《いろ》はおなじ数《かず》になってるね！
まんなかからそとにむかって、25、24、21、16、9と、だんだん小《ちい》さくなっているよ。

どのくらい小《ちい》さくなっているのかなぁ？
25－24＝1、24－21＝3、
21－16＝5……
1→3→5→7と、2ずつへっている。
奇数《きすう》だね！
8の段《だん》は、かける数《かず》の10倍《ばい》から2の段《だん》をひいた数《かず》になってるよ！
8×4は、4の10倍《ばい》の40から2×4をひいた数《かず》だね！

6の段《だん》の6×2、×4、×6、×8は、
答《こた》えの一《いち》の位《くらい》が、かける数《かず》とおなじ、
答《こた》えの十《じゅう》の位《くらい》は、かける数《かず》の半分《はんぶん》になってるよ。

7の段《だん》−4の段《だん》＝3の段《だん》に
なるし、3の段《だん》＋4の段《だん》＝
7の段《だん》になってるよ。

	1	2	3	4	5	6	7	8	9
1	1	2	3	4	5	6	7	8	9
2	2	4	6	8	10	12	14	16	18
3	3	6	9	12	15	18	21	24	27
4	4	8	12	16	20	24	28	32	36
5	5	10	15	20	25	30	35	40	45
6	6	12	18	24	30	36	42	48	54
7	7	14	21	28	35	42	49	56	63
8	8	16	24	32	40	48	56	64	72
9	9	18	27	36	45	54	63	72	81
10	10	20	30	40	50	60	70	80	90

10の段《だん》をつくると、
8の段《だん》＝10の段《だん》−2
の段《だん》になるね。

2×2、3×3、4×4、
5×5、6×6、7×7、
8×8、9×9
の答《こた》えはななめにならんで
いるけど、ひとつ小《ちい》さい
数《かず》の3、8、15、24、35、
48、63も、ななめにならんでるよ。

4ますをかこんで、
ななめにかけ算《ざん》すると
……
24×28＝21×32
おなじになるね。

	1	2	3	4	5	6	7	8	9
1	1	2	3	4	5	6	7	8	9
2	2	4	6	8	10	12	14	16	18
3	3	6	9	12	15	18	21	24	27
4	4	8	12	16	20	24	28	32	36
5	5	10	15	20	25	30	35	40	45
6	6	12	18	24	30	36	42	48	54
7	7	14	21	28	35	42	49	56	63
8	8	16	24	32	40	48	56	64	72
9	9	18	27	36	45	54	63	72	81

5×5＝25
4×6＝6×4＝2
ひとつちがいだ。

3、8、15、24、35、
48、63は、
1×3、2×4、3×5、
4×6、5×7、6×8、
7×9
の答《こた》えだね。

九九表《くくひょう》にない数《かず》でもつかえそうだよ。
11×11は10×12＋1
33×33は、32×34＋1
99×99は、98×100＋1

指《ゆび》電《でん》卓《たく》!?

カケルの発見《はっけん》。「9の段《だん》の九九《くく》の答《こた》えは、十《じゅう》の位《くらい》と一《いち》の位《くらい》の和《わ》がいつも9になってる」。これをきいてワンくんは、自分《じぶん》のてのひらをじっと見《み》つめて考《かんが》えていた。そして、「おもしろいこと、見《み》つけたよ」といった。

指《ゆび》電《でん》卓《たく》 1

指《ゆび》電《でん》卓《たく》 2

5×5までの九九《くく》をおぼえれば、5×6から9×9までの九九《くく》は指《ゆび》でもとめられます。

たとえば、6×8。
左《ひだり》で6、右《みぎ》で8をつくります。
おれている指《ゆび》の1本《ぽん》を10とすると、
左《ひだり》に1本《ぽん》、右《みぎ》に3本《ぼん》、あわせて4本《ほん》だから40。
たっている指《ゆび》の左右《さゆう》の数《かず》をかけると、4×2で8。
40と8とで48。
6×8は48だね。

どうやってかぞえたら、6と8になる？

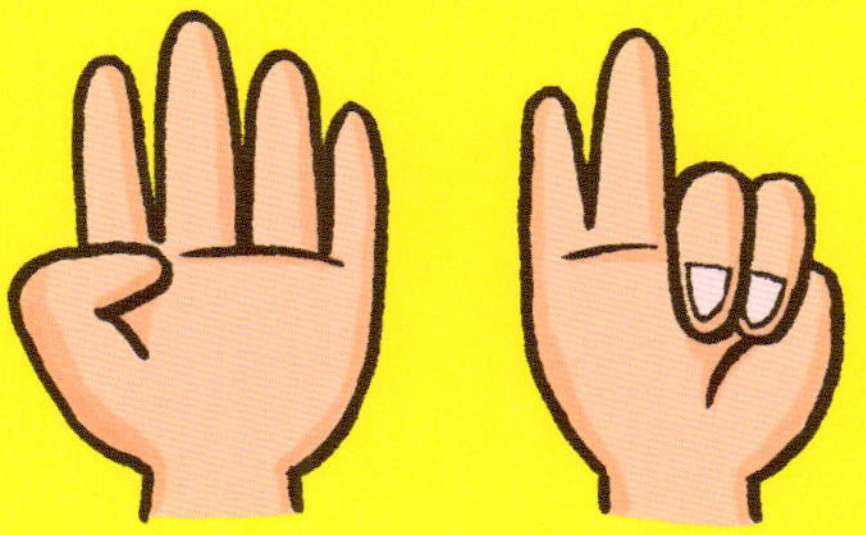

6　8

指《ゆび》をおってかぞえるんだね。

9×7でもやってみよう！

おれている指《ゆび》はあわせて6本《ぽん》
なので、60。
たっている指《ゆび》は左《ひだり》と右《みぎ》をかけ
1×3=3 。
3+60で63。
9×7=63だよね！

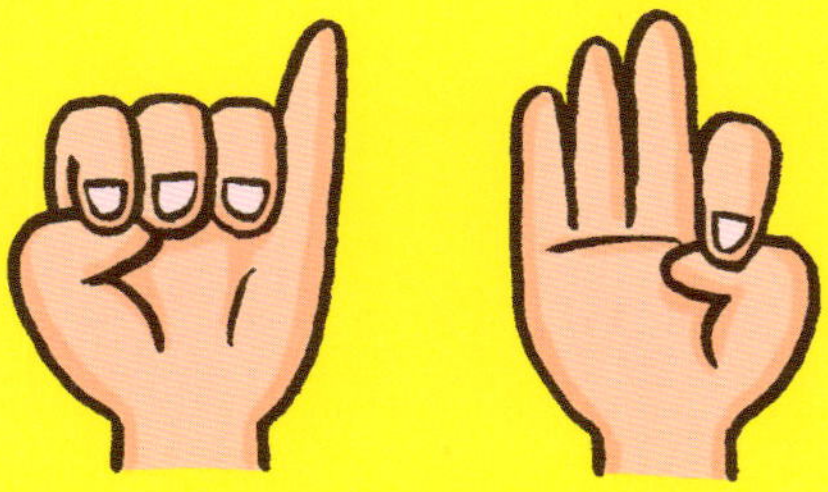

9　7

指《ゆび》電《でん》卓《たく》 3

11×11から15×15までの計算《けいさん》の答《こた》えがわかります。

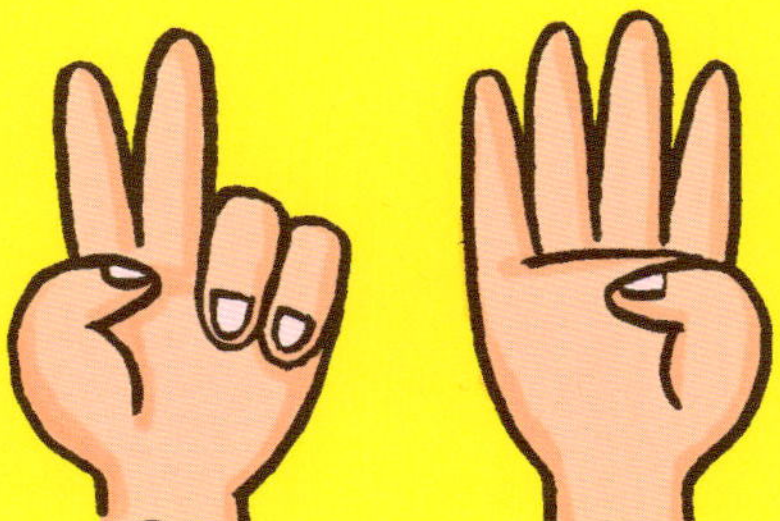

2　4

たとえば、12×14。
一《いち》の位《くらい》の数《かず》だけ指《ゆび》であらわします。
左《ひだり》が2、右《みぎ》が4ですね。
2＋4=6で、十《じゅう》の位《くらい》が6になります。
2×4=8で、一《いち》の位《くらい》8。
最後《さいご》に100をたして、60＋8＋100=168。
いつも、最後《さいご》に100をたしましょう！

たっている指《ゆび》だけでわかるんだね。

こんどは　14×15！

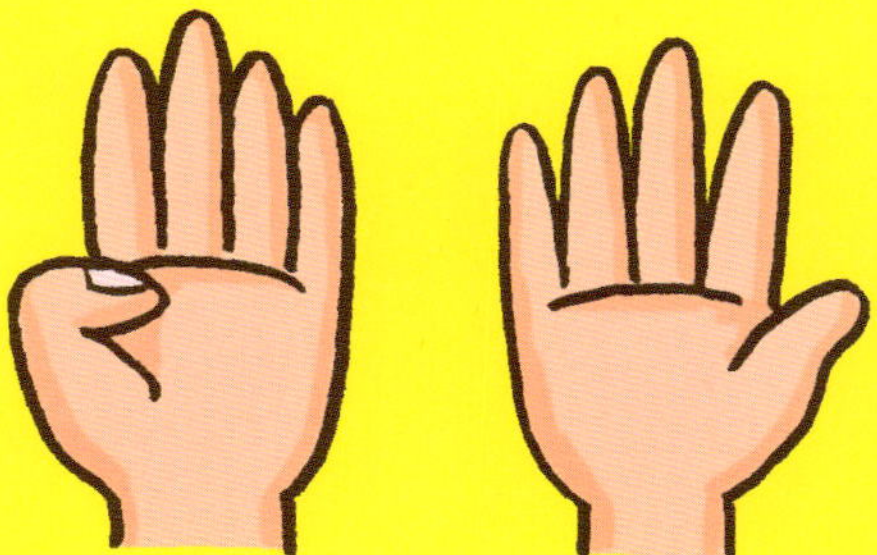

4　5

4＋5=9。
4×5=20。
10の位《くらい》が9になって、
90+20+100=210。
14×15=210　だ！

ニコニコわり算《ざん》・ドキドキわり算《ざん》

「ねえ、ニコニコわり算《ざん》とドキドキわり算《ざん》って知《し》ってる？」カケルがエンちゃんとワンくんにたずねた。「知《し》らないわ」「きいたことないよ。でも、楽《たの》しそうだね」「それなら、教《おし》えてあげるよ」カケルはとくい顔《がお》でふたりに話《はな》しはじめた。

問題《もんだい》
16個《こ》のクッキーを3人《にん》におなじ数《かず》ずつわけます。ひとりぶんは何個《なんこ》になるでしょう？

くばりかた
①1つめをカケル、2つめをワンくん、3つめをエンちゃんにくばる。かならず1個《こ》ずつくばること！

ニコニコわり算《ざん》

「16個《こ》のクッキーをぼくとワンくんとエンちゃんの3人《にん》におなじ数《かず》ずつわけます。ひとりぶんは何個《なんこ》になるでしょう」

「カケルはクッキーがすきね」

エンちゃんがわらった。

カケルはクッキーをひとりに1個《こ》ずつくばった。まだ手《て》もとにたくさんのこっていることをたしかめて、もう1個《こ》ずつくばった。これでひとり2個《こ》ずつ。3人《にん》ともうれしそうな顔《かお》をしている。

たしかにニコニコしたくなるわり算《ざん》だ。カケルはクッキーを全部《ぜんぶ》くばりおわった。

「おなじ数《かず》ずつくばって、ひとりぶんが5個《こ》でしょ。これが、16個《こ》÷3人《にん》はひとり5個《こ》、あまり1個《こ》というわり算《ざん》です」

かけ算《ざん》とわり算《ざん》の関係《かんけい》

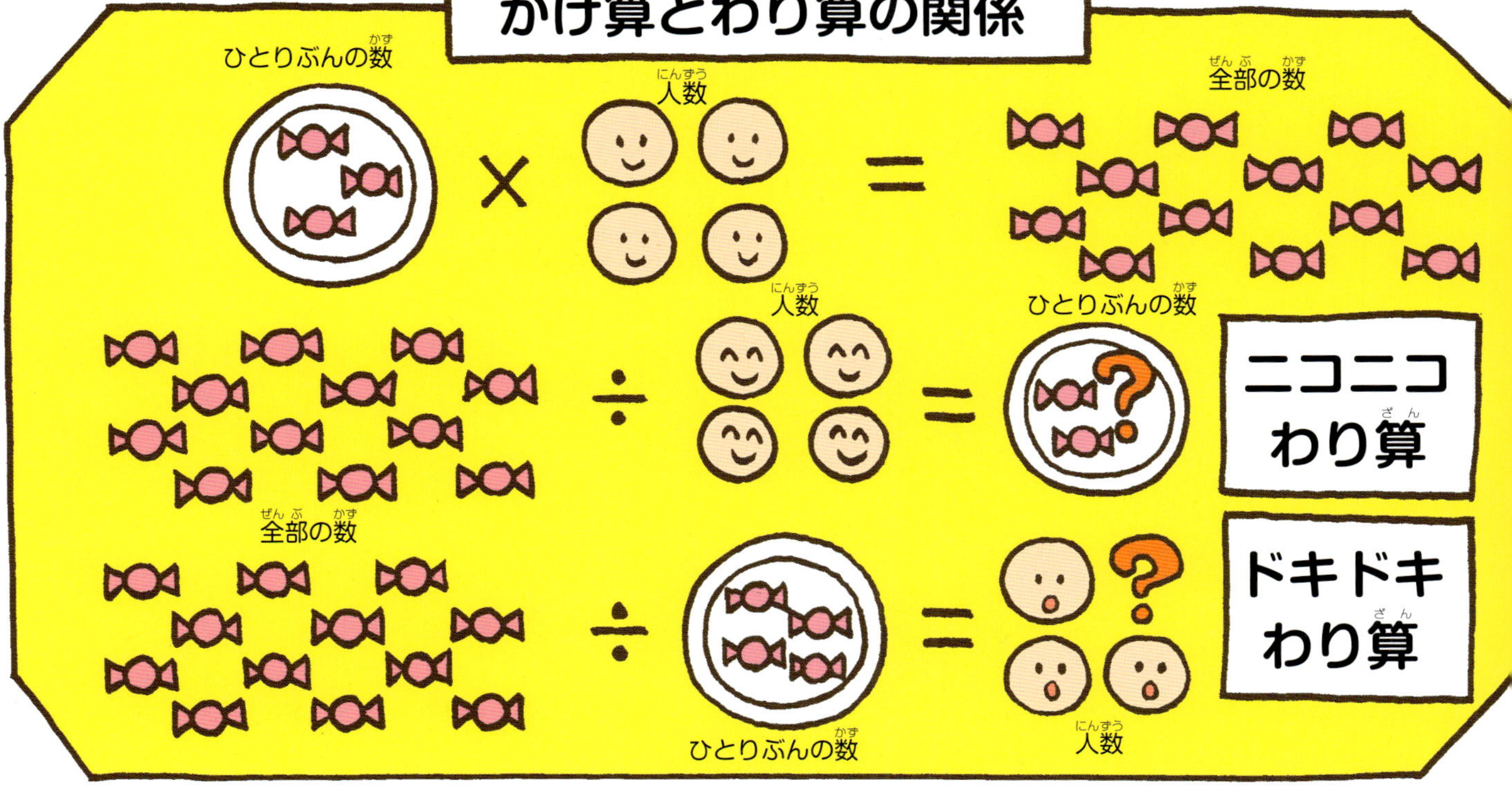

ドキドキわり算《ざん》

「こんどはキャンディをわけるよ。エンちゃんのお母《かあ》さんとガウスもきて。では5人《にん》にわけます。キャンディは18個《こ》、さっきとちがうわけかただよ。まず、ひとり4個《こ》ずつあげるね。はじめにお母《かあ》さんに4個《こ》。ガウスにも4個《こ》。まだあるからつぎにぼく。まだのこってるからワンくんに4個《こ》。のこりは2個《こ》だけど、みんなにおなじ数《かず》ずつわけるから、これでおしまい。18個《こ》÷ひとりぶん4個《こ》＝4人《にん》であまり2個《こ》になりました」

「わたしだけもらえないわけかたなんてひどい！」

エンちゃんはふくれてしまった。

「自分《じぶん》にまでキャンディがのこるか心配《しんぱい》でドキドキしたでしょ。だからドキドキわり算《ざん》」

わり算《ざん》にはふたつの種類《しゅるい》があることがわかった。

お母《かあ》さんが3人《にん》にいった。

「あまった2個《こ》のキャンディはエンちゃんにあげましょうね。わたしからもはい、ひとつ」

するとガウスも、キャンディを1個《こ》くわえてエンちゃんにわたした。エンちゃんに笑顔《えがお》がもどった。

ひ～とり、ふ～たり、3人《にん》の……

エンちゃんがピアノをひいている。♪ひ～とり、ふ～たり、3人《にん》のインディアン、4人《にん》……10人《にん》のインディアンボーイズ♪「これで、わり算《ざん》の筆算《ひっさん》はバッチリね」「えっ？ この歌《うた》とわり算《ざん》、関係《かんけい》があるの？」カケルとワンくんはびっくりした。

た～てる

ひとりに4個《こ》ずつくばります。

```
    2 4
 4)9 7
   8
   1 7
```

4個《こ》ずつくばる。たてるんだ。

か～ける♫

ひとりに4個《こ》ずつ4人《にん》にくばると、全部《ぜんぶ》で16個《こ》くばれるね。

```
    2 4
 4)9 7
   8
   1 7
   1 6
```

4個《こ》×4人《にん》＝16個《こ》。かけると、16個《こ》くばることがわかるね！

ひ～く♫

```
    2 4
 4)9 7
   8
   1 7
   1 6
     1
```

17個《こ》－16個《こ》＝1個
ひくと、1個あまる
ことがわかるよ。

ひき算《ざん》して、のこりが1個《こ》ね。

ひ～とり　ふ～たり
（た～てる）（か～ける）
さんにんのインディアン
（ひ～く）（おろす）
よ～にん　ご～にん
（た～てる）（か～ける）
ろくにんのインディアン
（ひ～く）（おろす）
しちにん　はちにん
（た～てる）（か～ける）
きゅうにんのインディアン
（ひ～く）（おろす）
じゅうにんの
（こ～れで）
インディアンボーイズ
（わりざん）（ばっちり）

たてる→かける→ひく→おろす→たてる→かける→ひく→おろす……
わり算《ざん》は、このくりかえしなんだ！

あれ？「あまり」がきえた！

「3人《にん》でなかよくわけてね」といって、カケルのお母《かあ》さんが500mLのジュースをテーブルにおいた。さっそくカケルは3つのコップにわけた。不公平《ふこうへい》にならないように、3つともぴったりおなじになるようにわけた。

きえた「あまり」

「500÷3を計算《けいさん》すると、答《こた》えは166あまり2になる。でも、いま、500mLのジュースを3つのコップにおなじずつわけたら、ほら、あまりがない」

カケルはふしぎな顔《かお》をした。エンちゃんも首《くび》をかしげて、

「たしかに計算《けいさん》すると500÷3＝166あまり2だわ。ひとりぶんは166mLで、2mLあまるはずだわ。おかしいわね」

しばらく考《かんが》えていたワンくん、

「ひとりぶんをもとめるわり算《ざん》はニコニコわり算《ざん》だったね。ドキドキわり算《ざん》の問題《もんだい》にしてみよう。『500mLのジュースを3mLずつわけます。何人《なんにん》ぶんになって何《なん》mLあまるでしょうか』この答《こた》えは、166人《にん》ぶんであまりは2mL

※1mL：1ミリリットル＝0.001L（リットル）

まとめてみると……

わり算《ざん》の種類《しゅるい》／わる数《かず》の性質《せいしつ》	ニコニコ わり算《ざん》	ドキドキ わり算《ざん》
つながっているもの（水《みず》、テープなど）	あまりが **ない**	あまりが **ある**
バラバラのもの（人数《にんずう》、枚数《まいすう》など）	あまりが **ある**	あまりが **ある**

になるね」

「ニコニコわり算《ざん》ではあまりがなくて、ドキドキわり算《ざん》ではあまりがあるのかなぁ」

とエンちゃんがいった。

「ニコニコわり算《ざん》でも、『500枚《まい》のおり紙《がみ》を3人《にん》におなじずつわけます。ひとりぶんは何枚《なんまい》？』という問題《もんだい》では、ひとり166枚《まい》であまりが2枚《まい》だね。わけるものが水《みず》やテープのようにつながったものはあまりなしでわけられて、枚《まい》数《すう》や人数《にんずう》、車《くるま》の台数《だいすう》のようにひとつひとつがバラバラなものをわけるときは、あまりがあるようだよ」

というワンくんの話《はなし》をきいて、

「計算練習《けいさんれんしゅう》のときは、量《りょう》の性質《せいしつ》を考《かんが》えなくてもいいけど、身《み》のまわりでわり算《ざん》をつかうときは、よく考《かんが》えないといけないな」

とカケルは思《おも》った。

家《いえ》のわり算《ざん》は、学校《がっこう》のわり算《ざん》とちがう？

カケルのお母《かあ》さんがシュークリームをつくってくれた。3人《にん》ともワクワク。「20個《こ》つくったわ。ひとり2個《こ》ずつよ。あまったぶんは冷蔵庫《れいぞうこ》にいれておいてね」といって出《で》かけた。カケルはあまりがいくつになるか考《かんが》えて、疑問《ぎもん》をもった。

あまりのあるわり算《ざん》

「20個《こ》のシュークリームを3人《にん》でおなじずつくばるのだから、20個《こ》÷3人《にん》。計算《けいさん》すると、20÷3＝6あまり2。シュークリームはひとりぶん6個《こ》であまり2個《こ》。だから冷蔵庫《れいぞうこ》にいれるシュークリームの数《かず》は2個《こ》になるはずだよ」

「でもカケル、お母《かあ》さんは『ひとり2個《こ》ずつ』っていってたでしょ。3人《にん》が2個《こ》ずつ食《た》べたら全部《ぜんぶ》で6個《こ》。

20－6＝14

冷蔵庫《れいぞうこ》にはシュークリームを14個《こ》いれるのよ」

するとワンくんが話《はな》しはじめた。

「エンちゃんの考《かんが》えは、算数《さんすう》の式《しき》では、

20個《こ》÷3人《にん》＝ひとりぶん2個《こ》あまり14個《こ》

とかくことになるのかなぁ。もし、お母《かあ》さんが、『ひとり4個《こ》ずつよ』といったら、

20個《こ》÷3人《にん》＝ひとりぶん4個《こ》あまり8個《こ》

になりそうだね」

「でも、算数《さんすう》では、

20÷3＝6あまり2

だけが正解《せいかい》で、

20÷3＝2あまり14や

20÷3＝4あまり8

では、○はもらえないわ」

「算数《さんすう》の計算《けいさん》では、あまりがいちばん小《ちい》さいときだけが正解《せいかい》になるんだね。お母《かあ》さんのいったような、ひとり2個《こ》やひとり4個《こ》は、算数《さんすう》ではまちがいなのかなぁ」

カケルはますますわからなくなってしまった。

電卓《でんたく》よりはやい計算《けいさん》

きょうの宿題《しゅくだい》はかけ算《ざん》の計算《けいさん》。いっしょに宿題《しゅくだい》をやることにした3人《にん》は競争《きょうそう》をはじめた。結果《けっか》は、1位《い》エンちゃん、2位《い》ワンくん。カケルはずっとおくれて3位《い》。自《じ》信《しん》をなくしたカケルに「電卓《でんたく》よりはやい計算《けいさん》のやりかたがあるよ」とワンくんがいった。

×11の計算《けいさん》

「この3つの計算《けいさん》を3秒《びょう》でやってみるよ」

ワンくんはノートの問題《もんだい》を一気《いっき》にこたえた。ふたりはびっくり。

「こんどはやりかたがわかるようにかくよ。よく見《み》ててね」

ワンくんは、新《あたら》しい問題《もんだい》をひとつかいた。さっきよりゆっくりこたえている。よくみると順番《じゅんばん》がへんだ。はじめに百《ひゃく》の位《くらい》、つぎに一《いち》の位《くらい》、そして十《じゅう》の位《くらい》をかいている。

「あっ、わかった。百《ひゃく》の位《くらい》と一《いち》の位《くらい》は、かけられる数《かず》の十《じゅう》の位《くらい》と一《いち》の位《くらい》だね」

カケルもなにか気《き》づいたようだ。

「十《じゅう》の位《くらい》は、そのふたつをたした数《かず》になってるぞ」

たしかにはやい。でも、なぜ？

ふたりは、ふしぎそうな顔《かお》をした。

23 × 11

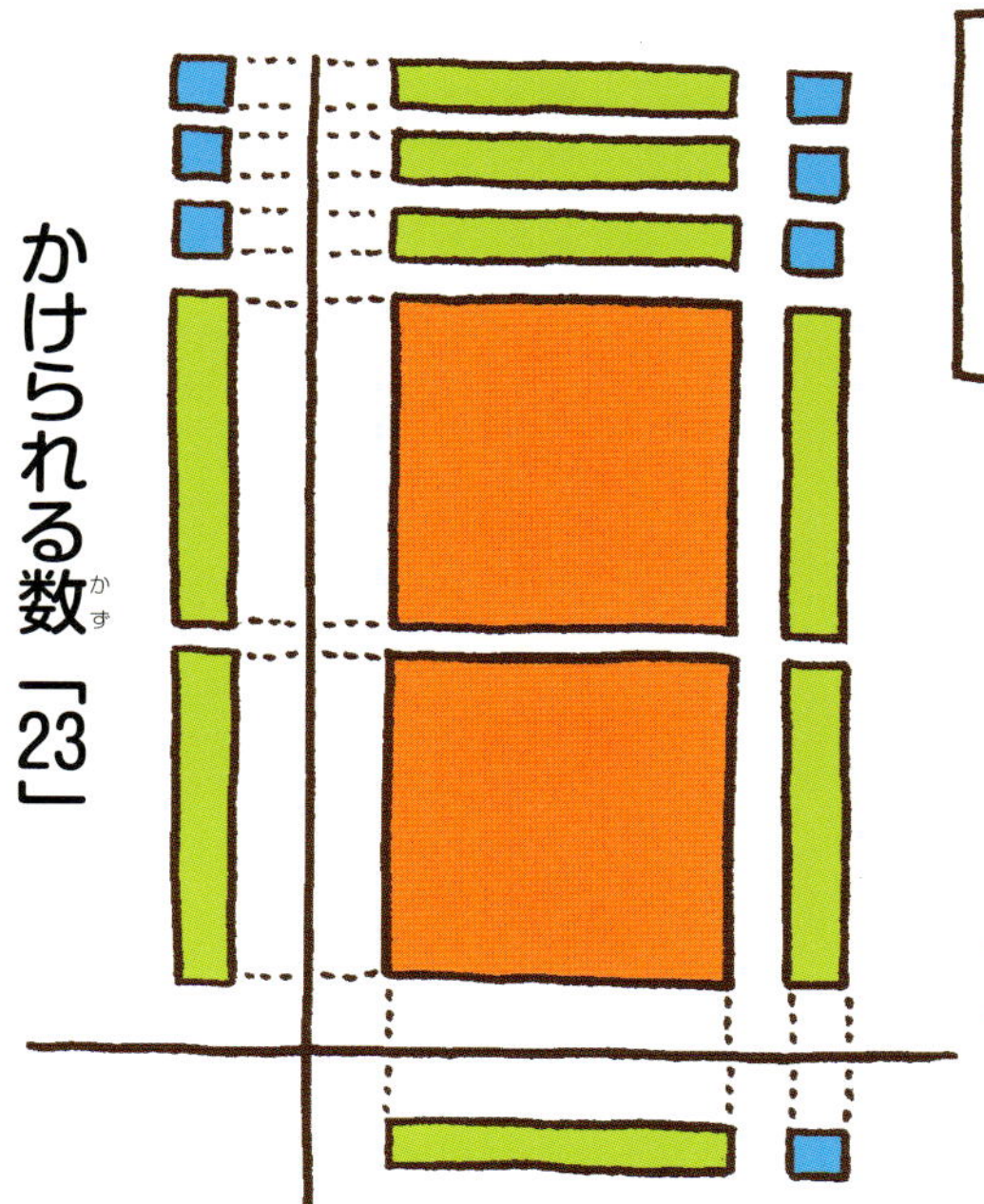

筆算《ひっさん》でも答《こた》えの十《じゅう》の位《くらい》は2＋3でもとめてるね。

$$\begin{array}{r} 23 \\ \times 11 \\ \hline 23 \\ +\ 23\ \\ \hline 253 \end{array}$$

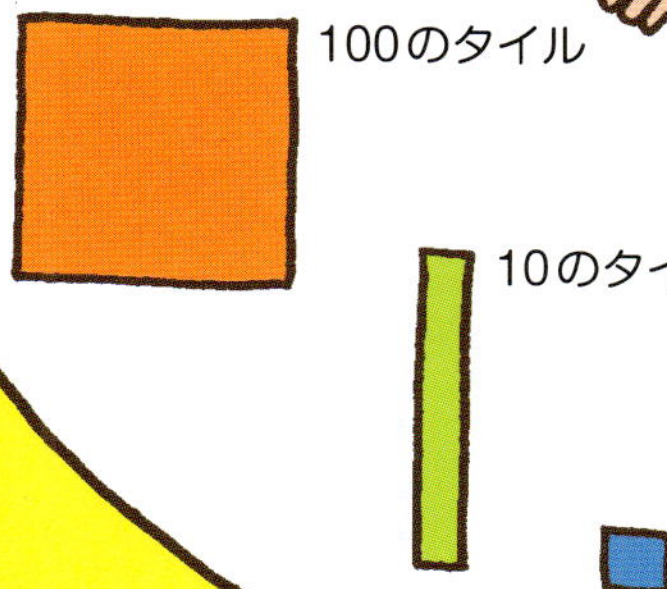

100のタイルは2枚《まい》。かけられる数《かず》の十《じゅう》の位《くらい》とおなじ。

10のタイルは5本《ほん》。かけられる数《かず》の一《いち》の位《くらい》（よこ）と十《じゅう》の位《くらい》（たて）の数《かず》の和《わ》。

1のバラタイルは3個《こ》。かけられる数《かず》の一《いち》の位《くらい》とおなじ。

10のタイルは4＋7で11本《ぼん》あるけど、10のタイルが10本《ぼん》で、100のタイル1枚《まい》ぶんでしょ。だから、全部で、100のタイル5枚《まい》、10のタイル1本《ぽん》、1のバラタイル7個《こ》になって、47 × 11 ＝ 517

47 × 11

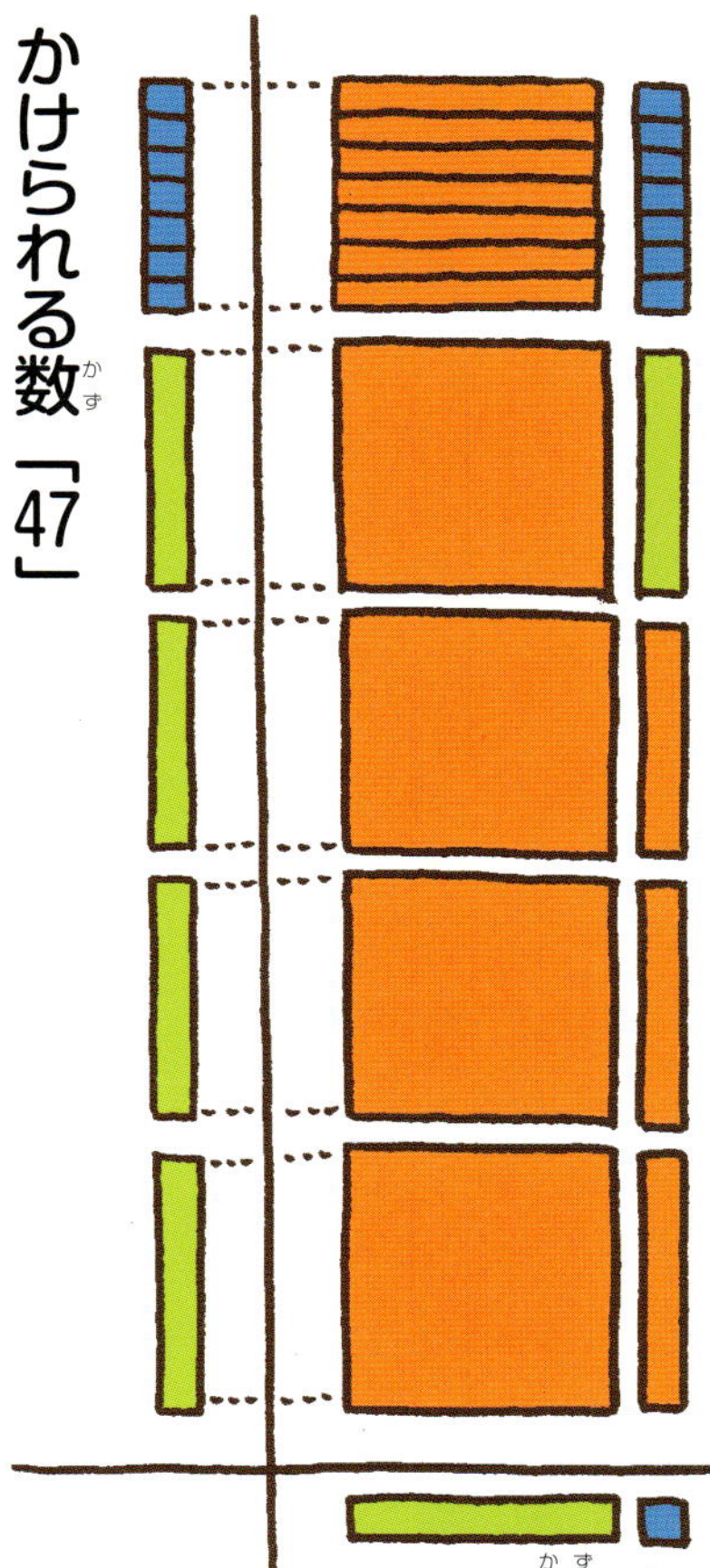

10のタイルが10本《ぽん》より多《おお》くなったときはどうなるのかな？

十《じゅう》の位《くらい》は11だから、十《じゅう》の位《くらい》の10がひとつくりあがって、百《ひゃく》の位《くらい》がひとつふえるのね。

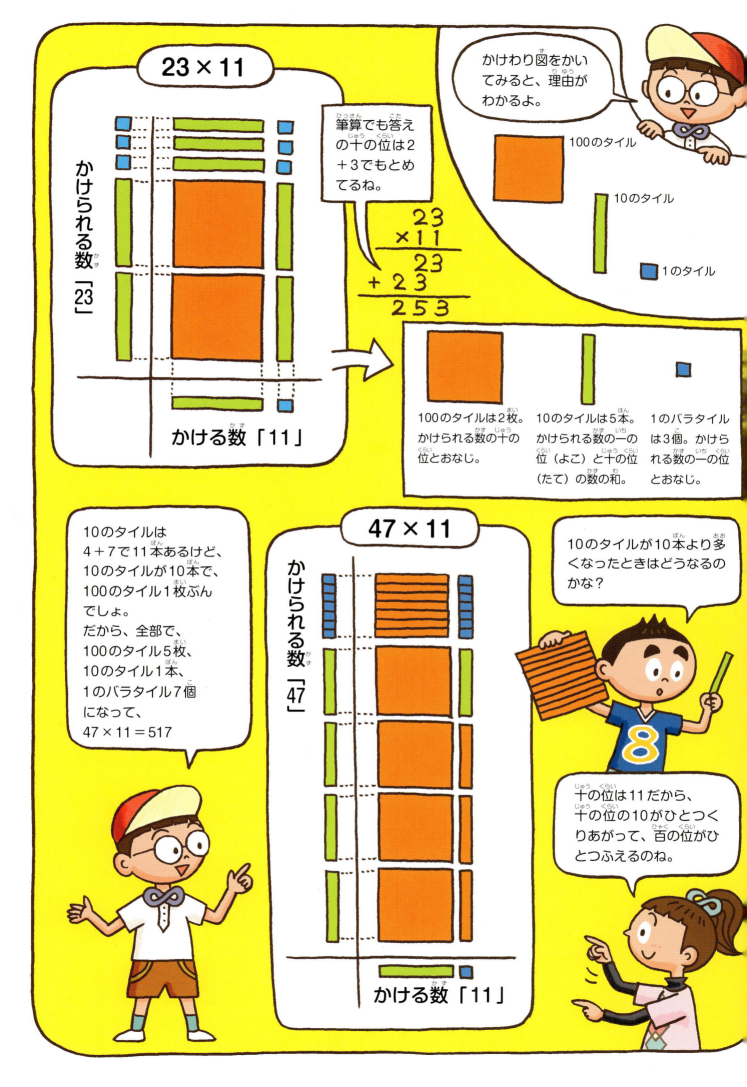

「1」がならぶ計算《けいさん》

きょうは11月《がつ》11日《にち》。「きょうはなんの日《ひ》か知《し》ってる?」と、カケルがいった。

「知《し》らないわ」と、エンちゃん。

「きょうはサッカーの日《ひ》なんだよ。だって、イレブンだから」

11×11=121
積《せき》に1がふたつでてきたね。
まんなかの数字《すうじ》は2。
もうひとつふやすと、
111×111=12321。
1、2、3と順番《じゅんばん》にならんで、2、1と
もどっている。つぎはどうなる?

1×1=1
11×11=121
111×111=12321
1111×1111=1234321
11111×11111=123454321
111111×111111=12345654321
1111111×1111111=1234567654321
11111111×11111111=123456787654321
111111111×111111111=12345678987654321

1111×1111は、
積《せき》が大《おお》きすぎて、
もう電卓《でんたく》がつかえない!
でも、予想《よそう》できるわ。
ピラミッド
みたい!

11月《がつ》11日《にち》はなんの日《ひ》?

「11月《がつ》11日《にち》には11がふたつあるね。サッカーの日《ひ》にはピッタリだ。でも、この日《ひ》は『サッカーの日《ひ》』だけじゃないんだよ。『下駄《げた》の日《ひ》』でもあるよ。下駄《げた》のあしあとをみると、11がふたつならんでいるように見《み》えるからね。そのほか、『麺《めん》の日《ひ》』『煙突《えんとつ》の日《ひ》』『もやしの日《ひ》』『箸《はし》の日《ひ》』などいろいろな日《ひ》になっているんだよ!」

さすがにワンくんはものしりだ。

1がならぶ計算《けいさん》

ワンくんは話《はなし》をつづけた。

「1をつかったおもしろい計算《けいさん》もあるよ。1×1=1だよ。かけ算《ざん》しても1のまま。1をふやしてみよう」

ほかにもおもしろい計算《けいさん》があるよ。
こんどは、1×11を計算《けいさん》してみるよ。積《せき》は11。
つぎに1をふやすと、11×111＝1221。
さっきとちがうならびかただけど、
きれいにならんでいるね！

$$1 \times 11 = 11$$
$$11 \times 111 = 1221$$
$$111 \times 1111 = 123321$$
$$1111 \times 11111 = 12344321$$
$$11111 \times 111111 = 1234554321$$
$$111111 \times 1111111 = 123456654321$$
$$1111111 \times 11111111 = 12345677654321$$
$$11111111 \times 111111111 = 1234567887654321$$

つぎは、積《せき》に1をならべてみよう！

1×9＝9。これに2をたすと11になる。
つぎに12×9＝108だから、
3をたすと111。
そして、123×9＝1107に、
4をたすと1111になるよね。

1がきれいにならんだね！

$$1 \times 9 + 2 = 11$$
$$12 \times 9 + 3 = 111$$
$$123 \times 9 + 4 = 1111$$
$$1234 \times 9 + 5 = 11111$$
$$12345 \times 9 + 6 = 111111$$
$$123456 \times 9 + 7 = 1111111$$
$$1234567 \times 9 + 8 = 11111111$$
$$12345678 \times 9 + 9 = 111111111$$

ふしぎな17番《ばん》めの数《かず》

学校《がっこう》ではやりのトランプうらない。1～9のカードから3枚《まい》、その下《した》にもう1枚《まい》ずつならべる。上下《じょうげ》の和《わ》が7になると「ラッキー」、7がふたつだと「ハッピー」、3つとも7だと「スペシャルハッピー」。それを見《み》ていたワンくん、ふしぎな計算《けいさん》を教《おし》えてくれた。

まず左《ひだり》のはじに、上《うえ》から順《じゅん》に①②……⑰の番号《ばんごう》をつけてください。そして、①の右《みぎ》のはじに3桁《けた》の数《かず》をかいてください。その下《した》には、111とかいてね。

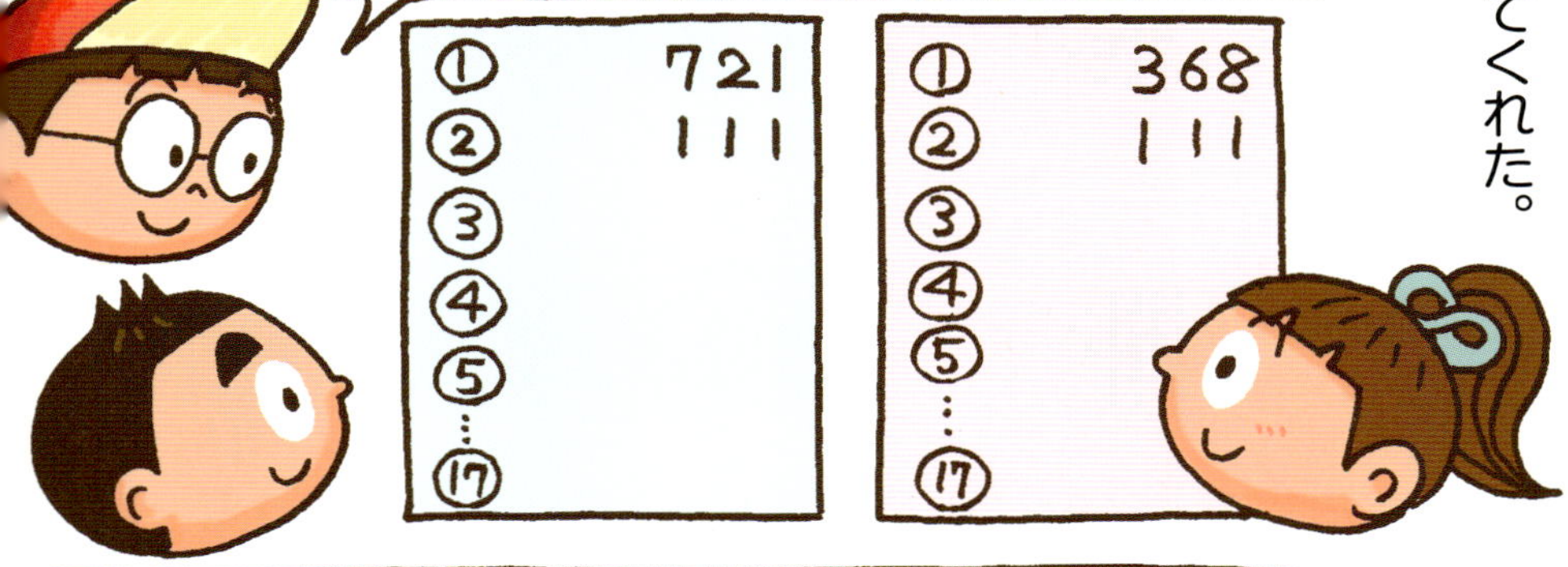
① 721
② 111
③
④
⑤
…
⑰
① 368
② 111
③
④
⑤
…
⑰

③に、①と②の和《わ》をかいてから、つぎに②と③の和《わ》を④にかいてください。
エンちゃんの一《いち》の位《くらい》は10になるけど、10以上《いじょう》になったらくりあがりは考《かんが》えないで、和《わ》の一《いち》の位《くらい》だけをかいてね。

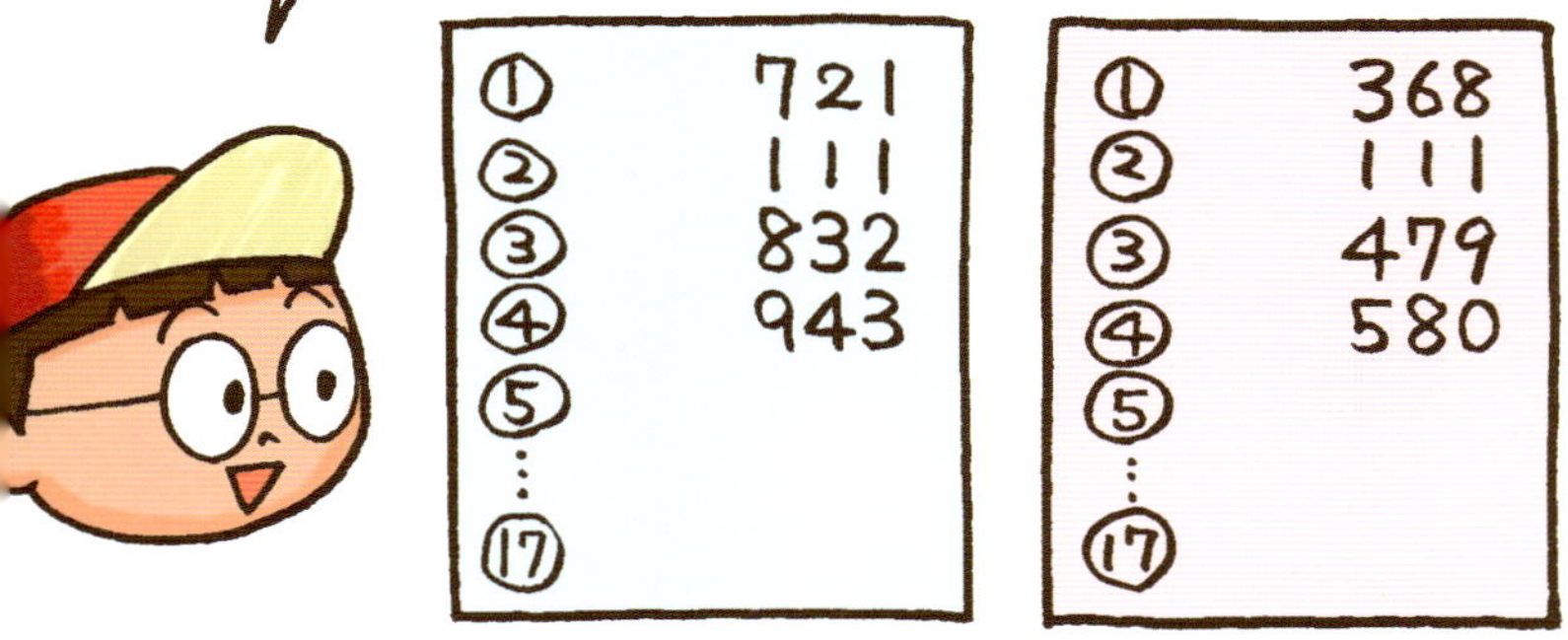
① 721
② 111
③ 832
④ 943
⑤
…
⑰
① 368
② 111
③ 479
④ 580
⑤
…
⑰

このように、いつも上《うえ》のふたつの和《わ》を、つぎの列《れつ》にかきます。そして、17番《ばん》めの数《かず》でうらないます。

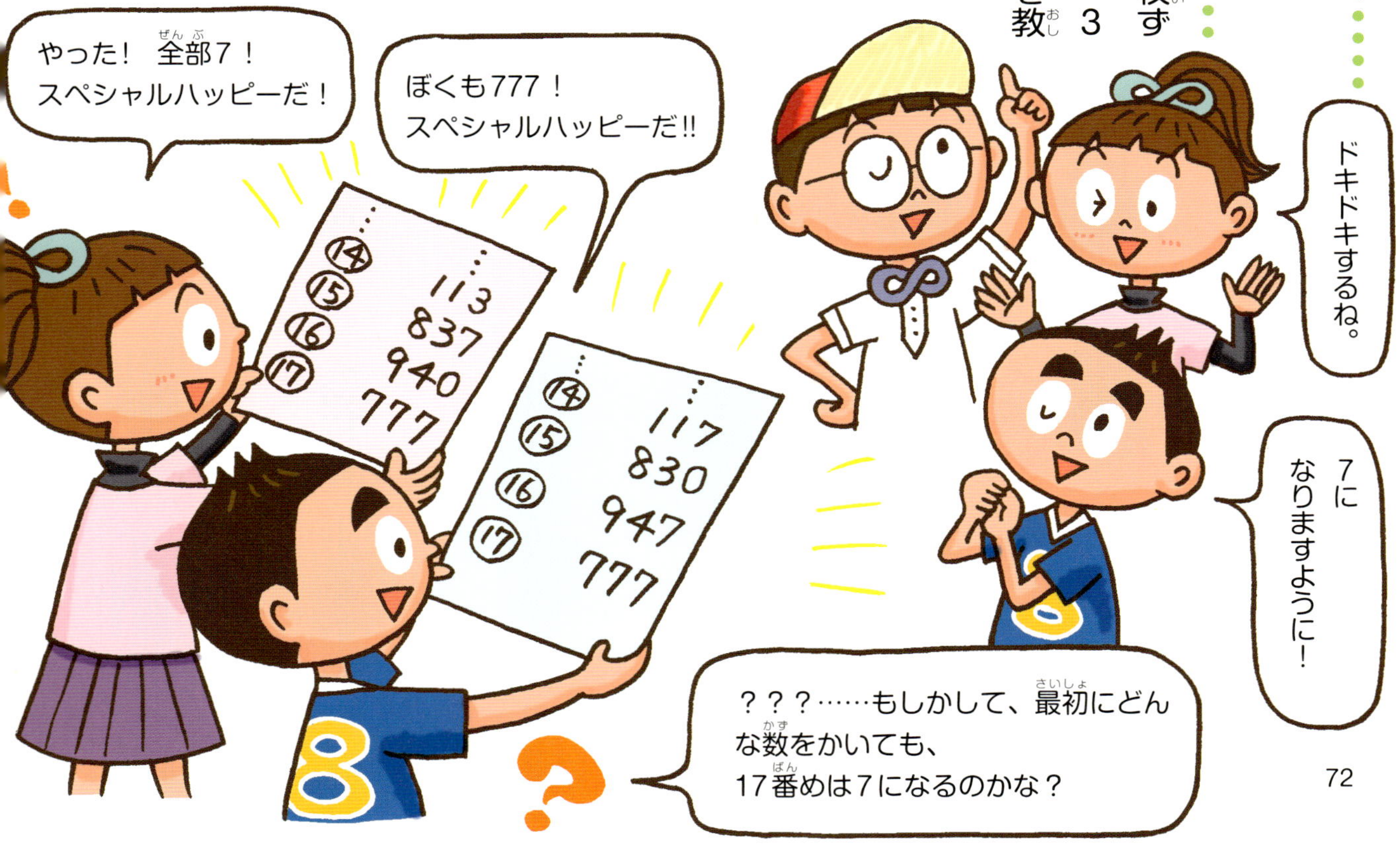
やった！ 全部《ぜんぶ》7！
スペシャルハッピーだ！
ぼくも777！
スペシャルハッピーだ!!
⑭ 113
⑮ 837
⑯ 940
⑰ 777
⑭ 117
⑮ 830
⑯ 947
⑰ 777
ドキドキするね。
7になりますように！
？？？……もしかして、最初《さいしょ》にどんな数《かず》をかいても、17番《ばん》めは7になるのかな？

ふしぎ。はじめがどんな数《かず》でも17番《ばん》めは7になってる！
① 1234567890
② 1111111111
③ 2345678901
⋮
⑮ 0369258147
⑯ 7418529630
⑰ 7777777777
よーし、全部《ぜんぶ》の数《かず》でたしかめてみよう！
ワンくん、②が1以外《いがい》の数《かず》だったら、17番《ばん》めはどうなるの？
3人《にん》で調《しら》べてみよう。ぼくは②を2と3と4にしてみる。
わたしは5と6と7を調《しら》べるわ。カケルは8と9と0を調《しら》べてね。
① 1234567890
② 2222222222
③ 3456789012
⋮
⑮ 7036925814
⑯ 7418529630
⑰ 4444444444
① 1234567890
② 5555555555
③ 6789012345
⋮
⑮ 8147036925
⑯ 7418529630
⑰ 5555555555
① 1234567890
② 8888888888
③ 9012345678
⋮
⑮ 9258147036
⑯ 7418529630
⑰ 6666666666
たし算《ざん》にはおもしろいひみつがかくれているのね！
ふしぎだね！
まとめてみると、
2番《ばん》めの数《かず》が0のとき、
17番《ばん》めの数《かず》は0、
1のとき、17番《ばん》めの数《かず》は7……
2のときは4
3のときは1
4のときは8
5のときは5
6のときは2
7のときは9
8のときは6
9のときは3
17

算数《さんすう》マジック

カケルとエンちゃんは、『ふしぎな17番《ばん》めの数《かず》』におどろき、ますますたし算《ざん》に興《きょう》味《み》をもった。そこでワンくんが「たし算《ざん》やひき算《ざん》をつかったマジックもあるよ」といった。ふたりは、「マジックもだいすき！」と目《め》をかがやかせた。

タネあかし

ひかれる数《かず》とひく数《かず》の十《じゅう》の位《くらい》はおなじです。
カケルは3、エンちゃんは4だね。

一《いち》の位《くらい》のひき算《ざん》は、かならずくりさがりがあるよ。だって、ひかれる数《かず》のほうが小《ちい》さい数《かず》になるからね！

3 2 ~~4~~~~3~~2 －234 198	4 3 ~~5~~~~4~~1 －145 396

くりさがりがあるので、となりの十《じゅう》の位《くらい》から1をかります。すると、十《じゅう》の位《くらい》のひき算《ざん》もくりさがりがあります。カケルのばあいは12－3＝9、エンちゃんのばあいは13－4＝9　だね。十《じゅう》の位《くらい》は、いつもでも9になります。

ひき算《ざん》の答《こた》えの百《ひゃく》の位《くらい》と一《いち》の位《くらい》の和《わ》は、いつも9になります。
432－234を、タイルで考《かんが》えてみましょう。

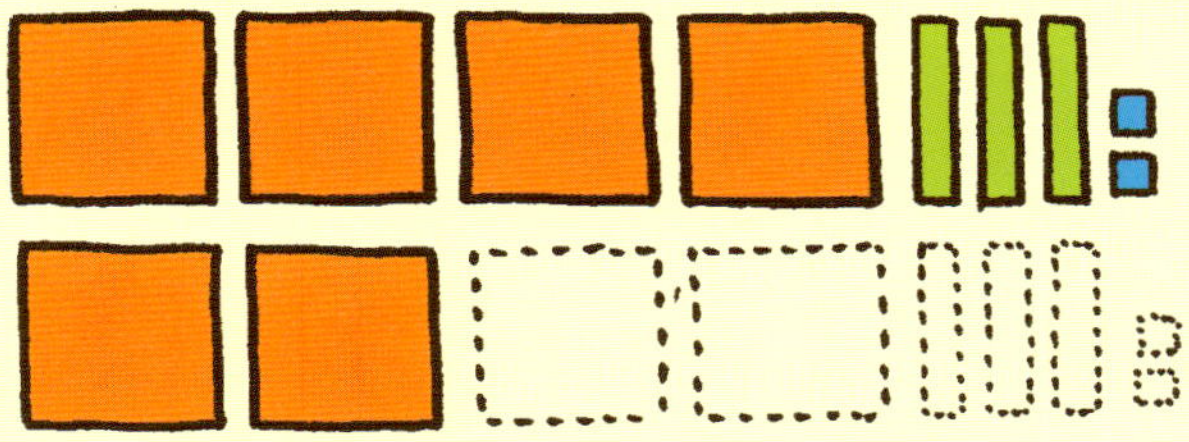

ここから2枚《まい》3本《ぼん》4個《こ》をとります。

まず、2枚《まい》、3本《ぼん》、2個《こ》をとると、のこりは、2枚《まい》になるね。あと2個《こ》とらないといけないので、

1枚《まい》から1個《こ》ずつとってみます。
すると、100－1で99と99になります。

このように、ひき算《ざん》の答《こた》えはいつも、99のかたまりになります。
99のかたまり2個《こ》の合計《ごうけい》は、99×2＝198です。
百《ひゃく》の位《くらい》と一《いち》の位《くらい》の和《わ》は、1＋8で9になるでしょ。

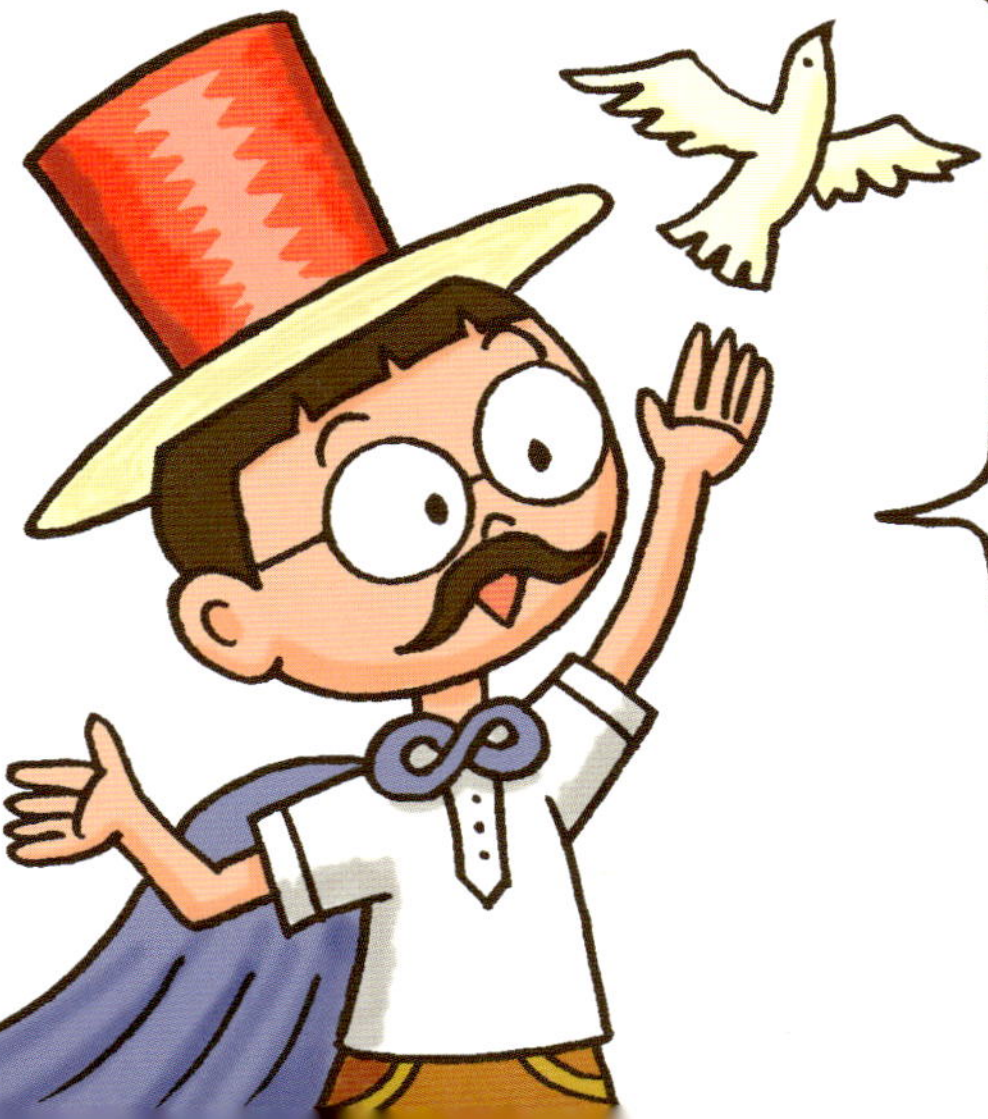

百《ひゃく》の位《くらい》と一《いち》の位《くらい》をとりかえてたすのだから、たし算《ざん》の答《こた》えは、
一《いち》の位《くらい》が9、百《ひゃく》の位《くらい》も9になります。
十《じゅう》の位《くらい》は、たされる数《かず》もたす数《かず》も9だから、9＋9＝18です。
100が9枚《まい》、10が18本《ぼん》、1が9個《こ》だから、
たし算《ざん》の答《こた》えはいつも、1089になります。

魔方陣《まほうじん》

中国《ちゅうごく》で紀元前《きげんぜん》から楽《たの》しまれている算数《さんすう》パズル、魔方陣《まほうじん》。
正方形《せいほうけい》のます目《め》の、たて・よこ・ななめにならんだ数《かず》の和《わ》がすべておなじになる。

さっぱりわからない…
1から9までの数《かず》を1回《かい》ずつつかって、ますをうめます。たてにならんだ3つの数《かず》の和《わ》、よこにならんだ3つの数《かず》の和《わ》、ななめにならんだ3つの数《かず》の和《わ》が、どれもおなじになるように、ますに数《かず》をいれてみましょう。

9ます全部《ぜんぶ》の合計《ごうけい》は、 1＋2＋3＋4＋5＋6＋7＋8＋9だから45になるね。

上中下《じょうちゅうげ》にわけてみよう。上《うえ》の3つの数《かず》の和《わ》と、中《なか》の3つの数《かず》の和《わ》と、下《した》の3つの数《かず》の和《わ》はどれもおなじになるから、45÷3＝15だね。
上《うえ》も15、中《なか》も15、下《した》も15だ。

ア	エ	キ
イ	A	ク
ウ	カ	ケ

まんなかのAは、大《おお》きすぎても小《ちい》さすぎても、3つで15をつくりにくいから、1から9のまんなかの5にしてみるね！

1	エ	キ
イ	5	ク
ウ	カ	9

のこりは、1、2、3、4、6、7、8、9だ。15になるのは、(1、5、9) (2、5、8) (3、5、7) (4、5、6) のくみあわせだけだ。これを適当《てきとう》にいれてみよう。

アを1、ケを9にすると、
5＋9＝14だから、
イ＋ウ、エ＋キは14になるはずだよ。

できたかな？

14になるのは（5と9）（6と8）だけど、5はまんなかでつかっているから（6と8）だけだね。でも、ウやキは6以上《いじょう》にできないよ。
ウ＋カ＋9も、キ＋ク＋9も15にならないから。

2	エ→6	キ→7
イ→4	5	ク
ウ→9	カ	8

2	7	6
9	5	1
4	3	8

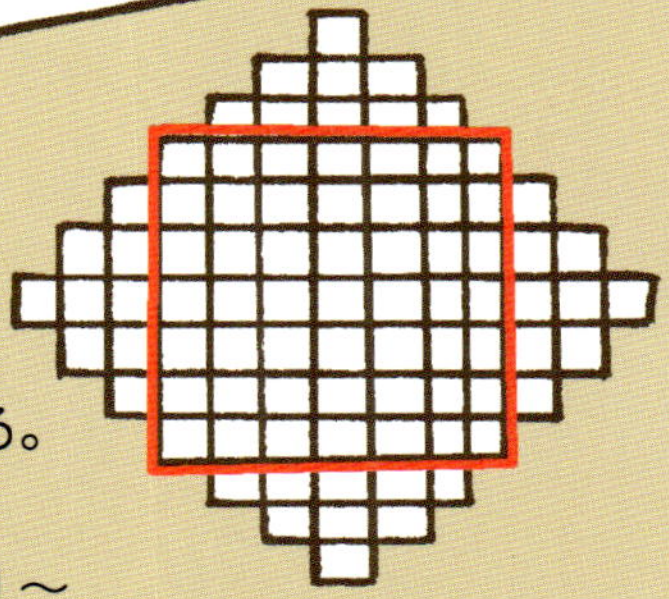

①たて7ます、よこ7ますの表《ひょう》をつくる。

②上下左右《じょうげさゆう》に図《ず》のような山型《やまがた》をつけくわえる。

③黄色《きいろ》のますに、左下《ひだりした》から右上《みぎうえ》にむけて、1〜49の数《かず》をいれる。

④山型《やまがた》のますにはいっている数《かず》を、上《うえ》は下《した》に、下《した》は上《うえ》に、右《みぎ》は左《ひだり》に、左《ひだり》は右《みぎ》に、7ます移動《いどう》して、山型《やまがた》をけすと完成《かんせい》！

4	29	12	37	20	45	28
35	11	36	19	44	27	3
10	42	18	43	26	2	34
41	17	49	25	1	33	9
16	48	24	7	32	8	40
47	23	6	31	14	39	15
22	5	30	13	38	21	46

第《だい》3章《しょう》

はかってみよう

メビウスノートの力《ちから》は偉大《いだい》だ。
いつでもどこでも数字《すうじ》に気《き》がつくようになったカケル。
あれ、数《かず》と量《りょう》って、少《すこ》しちがうのかな？

どちらが長《なが》いか、どちらがひろいか、
どちらが重《おも》いか、どちらがはやいか、
はかってみなければわからない。
メジャーや体重計《たいじゅうけい》、時計《とけい》をつかって正確《せいかく》にはかってみよう！
見《み》た目《め》や思《おも》いこみとはちがうほんとうの量《りょう》を数《かず》であらわすことができるはずだ！

ジュースの量《りょう》や部屋《へや》のひろさ、ものの重《おも》さ、時間《じかん》とはやさ、味《あじ》。
くらしのなかのものをきちんと数《かず》であらわすことができれば、
遠《とお》くはなれた人《ひと》とだって、不公平《ふこうへい》なく、ものをわけあうことができるね。

200…
dL
100000000…
g
0.27…
140…
80…

どちらのジュースが多《おお》い？

おやつの時間《じかん》、カケルはしんけんになやんでいた。多《おお》いほうのジュースをのみたいけれど、どちらが多《おお》いのかわからない。ジュースのようにつながっている量《りょう》の多《おお》さは、どうやってくらべるのかな。

Aのほうが幅《はば》はひろいけれど、高《たか》さはBのほうがある。どちらが多《おお》いだろう？
A
B
つながった量《りょう》は、目《め》で見《み》ただけでは多《おお》さがはっきりとはわからないんだ。おなじかたちのコップにうつしかえてみよう。
おなじかたちのコップに、まんたんにジュースをいれていくよ。それぞれ何《なん》ばいぶんあるだろう？
Aのコップは4はいぶん。Bのコップは5はいぶん。Bのほうが多《おお》いんだね。ぼくはBのジュースをのむよ。
A
B
※おなじかたち、おなじ大《おお》きさのカップをつかう。

つながっている量《りょう》はかぞえられる？

「どちらのジュースが多《おお》いのか、わからないんだ。だけど、おかしいよ。あめやシュークリームは1、2、3とかぞえられるのに、ジュースになると、どちらが多《おお》いのかわからなくなるんだ」

「あめやシュークリームは、ひとつひとつがはなれているからかぞえやすい。だけどジュースはつながっているから、かぞえられない。でも方法《ほうほう》はあるよ」

ワンくんは、なにか思《おも》いついて小《ちい》さなコップを用意《ようい》した。

「ふたつのコップのかたちがちがう。だから、おなじかたちでおなじ大《おお》きさのコップにうつして何《なん》ばいぶんかをくらべればいいんだ」

「なるほど。これでどちらが多《おお》い

のかわかるね」

せかいじゅうでつかえる単位《たんい》

「だけど、この方法《ほうほう》じゃあくらべられないときもあるね」

カケルがひらめいた。

「はなれた場所《ばしょ》にいるエンちゃんとジュースの多《おお》さをくらべたいんだ。だけど、コップの大《おお》きさがおなじかはわからないよ」

「そうくると思《おも》ったよ。むかしの人《ひと》も、カケルとおなじようにこまったのさ。だから、せかいじゅうの人《ひと》がおなじようにくらべられる単位《たんい》をつくったんだ。ジュースなどの液体《えきたい》は、dLという単位《たんい》をつかえばくらべられるんだよ」

「dLか。せかいじゅうの人《ひと》たちがおなじようにつかえるなんて、かっこいいね。ぼくはdLをつかってたくさんのジュースをのみたいな」

※1dL：1デシリットル

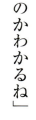

背《せ》の高《たか》さくらべ

カケルとエンちゃんが、なにやらいいあいをしている。よくきくと、背《せ》の高《たか》さくらべをしたいのに、カケルがズルをするみたい。正確《せいかく》に背《せ》の高《たか》さをくらべるためには、どうすればいいんだろう？

その背《せい》くらべ、正《ただ》しい？

「カケル、ずるい！」

エンちゃんが必死《ひっし》に抗議《こうぎ》しているけど、カケルはなんのことだかよくわかっていないみたい。

「背《せ》の高《たか》さをくらべるのに、姿勢《しせい》がぐにゃぐにゃじゃ、くらべられないよ。ピンとまっすぐ背《せ》をのばすんだ」

「そうか、ごめんごめん」

あらためてワンくんが背《せ》の高《たか》さを見《み》ようとすると、またまたなにかがおかしい。

「ふたりはかたむいているところにたっているから正《ただ》しくくらべられないんだよ。水平《すいへい》なところでくらべなきゃ」

カケルとエンちゃん、ようやく背《せ》の高《たか》さがくらべられたみたい。

長《なが》さ・高《たか》さの単位《たんい》

「エンちゃんのほうが背《せ》が高《たか》いのはわかったけれど、どれくらい高《たか》いんだい？」

カケルがワンくんにたずねた。

「ぼくが見《み》たところ、エンちゃんとぼくはそんなに背《せ》の高《たか》さはかわらないよ」

エンちゃんもうなずいた。

「そんなときには、背《せ》の高《たか》さを数《かず》であらわせばいいよ。長《なが》さや高《たか》さをあらわす単位《たんい》cmをつかおう」

ワンくんが長《なが》い巻《ま》き尺《じゃく》をつかって、ふたりの身長《しんちょう》をはかった。

「エンちゃんのほうが2cm高《たか》い」

納得《なっとく》したカケルは身体測定《しんたいそくてい》のことを思《おも》いだした。

「そういえば、保健《ほけん》の先生《せんせい》に身長《しんちょう》は1m30cmっていわれたなあ。mも長《なが》さの単位《たんい》なんだね」

※1mm：1ミリメートル　1cm：センチメートル　1m：1メートル

はんぱな量《りょう》はどうしよう

学校《がっこう》のお楽《たの》しみ会《かい》でクラスのみんなにくばるジュースを用意《ようい》していたカケルとワンくん。3dLずつジュースをカップにそそいでいくと、はんぱな量《りょう》のカップができてしまった。

1mLが100個《こ》ぶん＝1dL　1dL＝100mL

dLより少《すこ》しの量《りょう》

「3dLずつそそいでいこう」

カケルがどんどんそそいでいくと、3dLより少《すこ》し多《おお》くはいったカップがいくつかできてしまった。

「3dLとちょっとなのに、多《おお》いのと少《すく》ないのがあるなぁ。これはどれくらいの量《りょう》なんだ？」

ジュースのペットボトルを見《み》ながら考《かんが》えていると、あることに気《き》がついた。

「ペットボトルには1500mLってかいてあるよ。dLのほかにもなにか単位《たんい》があるのかな」

ワンくんがこたえた。

「はんぱな量《りょう》がでてしまったときにdLよりも小《ちい》さな単位《たんい》が必要《ひつよう》になったんだよ。それがmLさ」

「小《ちい》さな単位《たんい》をつかえば、はんぱな量《りょう》があらわせるんだね」

※1dL：1デシリットル　1mL：1ミリリットル

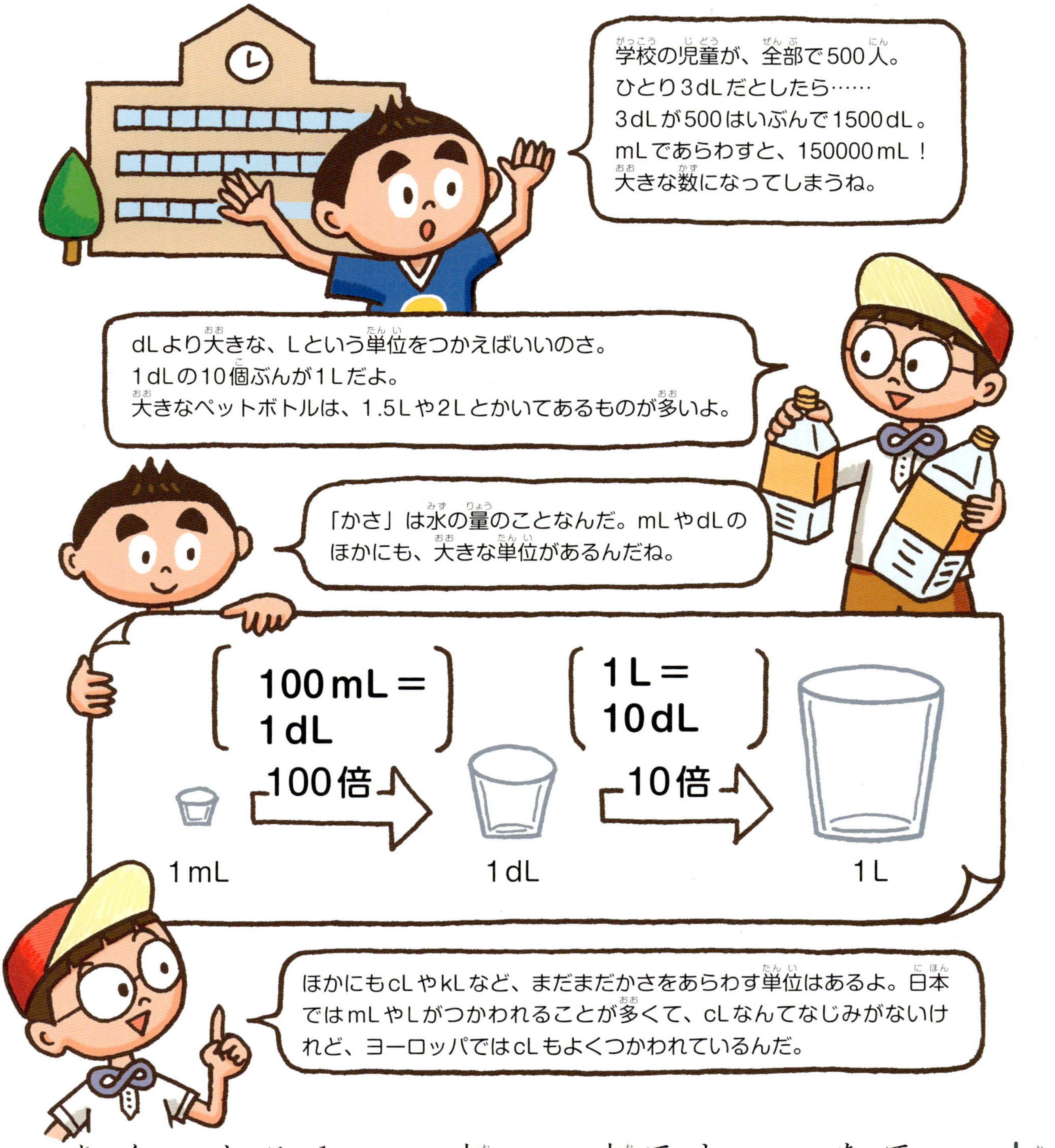
学校《がっこう》の児童《じどう》が、全部《ぜんぶ》で500人《にん》。ひとり3dLだとしたら……3dLが500はいぶんで1500dL。mLであらわすと、150000mL！大《おお》きな数《かず》になってしまうね。
dLより大《おお》きな、Lという単位《たんい》をつかえばいいのさ。1dLの10個《こ》ぶんが1Lだよ。大《おお》きなペットボトルは、1.5Lや2Lとかいてあるものが多《おお》いよ。
「かさ」は水《みず》の量《りょう》のことなんだ。mLやdLのほかにも、大《おお》きな単位《たんい》があるんだね。
100mL＝1dL
1L＝10dL
100倍
10倍
1mL
1dL
1L
ほかにもcLやkLなど、まだまだかさをあらわす単位《たんい》はあるよ。日本《にほん》ではmLやLがつかわれることが多《おお》くて、cLなんてなじみがないけれど、ヨーロッパではcLもよくつかわれているんだ。

大《おお》きな単《たん》位《い》

「ワンくん、小《ちい》さな単《たん》位《い》があるってことは、大《おお》きな単《たん》位《い》もあるのかな？」

カケルがふしぎそうにたずねた。

「たとえば、学《がっ》校《こう》のみんなにジュースを用《よう》意《い》するときには、mLやdLでかさをあらわしていたらとても大《おお》きな数《かず》になってしまうよね」

ワンくんがにっこりとこたえた。

「小《ちい》さな単《たん》位《い》があるってことは、大《おお》きな単《たん》位《い》もあるんだよ」

「大《おお》きな単《たん》位《い》？」

「そうさ。1dL 10ぱいぶんが1Lだよ。ペットボトルのジュースの量《りょう》をあらわすときなんかにつかうんだ」

「大《おお》きな単《たん》位《い》と小《ちい》さな単《たん》位《い》か。ぼくの知《し》らない単《たん》位《い》が、まだまだありそうだね」

※1L：1リットル　1cL：1センチリットル　1kL：1キロリットル

クラスの花《か》だん、ひろいのはどっち？

学校《がっこう》でクラスごとに花《か》だんが、わりあてられた。「なにをうえるのかなぁ」。うきうきしていたカケルだったが、花《か》だんを見《み》てちょっとがっかり。なんだかカケルのクラスの花《か》だんのほうがせまいような気《き》がする。

まわりの長《なが》さが長《なが》いほど、ひろさはひろいはずだよ。
みんなの花だん
110cm
80cm
110cm
80cm
320cm
55cm
わたしたちのクラス
160cm
275cm
11.9m
(1190cm)
まわりの長《なが》さは……わたしたちのほうが長《なが》いわよ。
275cm
80cm
55cm
240cm
となりのクラス
160cm
330cm
11.4m
(1140cm)

花《か》だんのわりあて

「あれ？　ぼくたちのクラスの花《か》だん、ちょっとせまくない？」

カケルには不満《ふまん》があるようだ。

「そもそも、ひろいかせまいかは、どうやって調《しら》べるのかな？」

エンちゃんも首《くび》をかしげた。

するとワンくんが、「まわりの長《なが》さをはかってみよう」といった。

3人《にん》は、体育《たいいく》の先生《せんせい》にメジャーをかりて、花《か》だんのまわりをはかってみた。

「まわりの長《なが》さでは、ぼくらのクラスは約《やく》1190cm。つまり11・9m。となりのクラスは1140cm。つまり11・4mだ」

「ぼくらのほうがちょっと長《なが》いけど、ひろいとは思《おも》えないなぁ」

カケルたちは、納得《なっとく》できない。

ひろさをはかる

ふと見《み》ると、校庭《こうてい》のすみに習字《しゅうじ》の時間《じかん》につかった新聞紙《しんぶんし》がたくさんつんであった。それを見《み》て、ワンくんがひらめた。

「そうだ！　新聞《しんぶん》を何枚《なんまい》おけるかでくらべてみよう」

「いいね。新聞《しんぶん》なら、何枚《なんまい》もあるよ」

かぞえおわってカケルがいった。

「ぼくらの花《か》だんは新聞紙《しんぶんし》16枚《まい》で、となりが17枚《まい》だったよ」

「やっぱり、わたしたちのクラスのほうがせまいのか、がっかり」

エンちゃんとワンくんが声《こえ》をそろえていった。

「おなじかたちではないばあい、まわりの長《なが》さが長いからひろいとはかぎらないんだね」

「ひろさ」のもとになるものって

カケルたちの学年《がくねん》で、林間学校《りんかんがっこう》の部屋《へや》わりの発表《はっぴょう》があった。みんな、ここでも「ひろさ」のことが気《き》になっている。部屋《へや》のひろさをあらわす単位《たんい》には、いろいろあってよくわからない。ひろさのもとになるものってなんだろう?

○畳《じょう》の部屋《へや》と○m²の部屋《へや》

「ぼくらの部屋《へや》は15畳《じょう》の和室《わしつ》だって」とカケル。エンちゃんも、

「わたしたちの部屋《へや》は洋室《ようしつ》30 m²(平方《へいほう》メートル)とかいてあるわ」

「ひろさをあらわす単位《たんい》がちがってるね」

「15畳《じょう》はだいたいわかるよ。ぼくの部屋《へや》が6畳《じょう》だから……」

そこへワンくんがやってきた。

「○畳《じょう》というのは、日本《にほん》以外《いがい》ではつかわないんだよ。ほかの国《くに》ではたたみの部屋《へや》はないからね」

「○m²は、1辺《ぺん》が1mの正方形《せいほうけい》がどれだけあるかということだよ」

「それならせかいじゅうでつかえるわね。だから、洋室《ようしつ》はm²がつかわれているのね」

「この正方形《せいほうけい》が1m²。これが『ひろさ』をあらわすもとなんだ」

※1m²:1平方《へいほう》メートル

いまでも、土地《とち》のひろさをあらわすのに「坪《つぼ》」という単位《たんい》がつかわれることがあるよ。
いろいろな説《せつ》があるけど、だいたい畳《たたみ》2枚《まい》ぶんだと思《おも》っていいね。
たんぼのひろさをあらわす反《たん》も、ひろさの単位《たんい》だよ。
300坪《つぼ》が1反《たん》。
1反《たん》は約《やく》1000平方《へいほう》メートルになるんだって。
どちらも、農作業《のうさぎょう》に関係《かんけい》があるのね。
イギリスでは、エーカーという単位《たんい》でひろさをあらわすことがある。
2頭《とう》の牛《うし》をつかって1日《にち》でたがやすことのできるひろさが、
1エーカーのもとになっているらしい。
1エーカーは約《やく》4000平方《へいほう》メートルだから、4反《たん》ぶんだね。

教室《きょうしつ》のひろさをはかろう

ひろさをはかるもとになる「1 m^2」がわかったカケルたちは、いろいろな場所《ばしょ》のひろさをはかってみることにした。

新聞紙《しんぶんし》で1 m^2 をつくったよ。
すご〜い
サッカーの記事だ…
教室《きょうしつ》はたて9枚《まい》、よこ9枚《まい》だから81枚《まい》ね!
81 m^2 ってことだ!

1 m^2 が何枚《なんまい》ぶん?

カケルたちは、新聞紙《しんぶんし》で1辺《ぺん》が1mの正方形《せいほうけい》をつくって、校舎《こうしゃ》のいろいろな場所《ばしょ》をはかってみることにした。

まずは教室《きょうしつ》。何枚《なんまい》しくことができるか調《しら》べてみると、たてに9枚《まい》、よこに9枚《まい》だった。

「9×9で81枚《まい》ね」

エンちゃんが計算《けいさん》してくれた。

「だから、81 m^2 だね」

「じゃ、教室《きょうしつ》の前《まえ》のろうかは、どれくらいのひろさだろう?」

カケルがいった。

「ずいぶん長《なが》いから、新聞《しんぶん》をしくのもたいへんね」

すると、エンちゃんがいい方法《ほうほう》を思《おも》いついた。

「そうだわ! たて、よこの長《なが》さをはかってしまったほうがはやい

※1 cm^2:1平方《へいほう》センチメートル

んじゃない？」

「このまえ、花《か》だんのまわりの長《なが》さをはかったときのメジャーをつかえばいいね」

ワンくんがやってきた。

「ろうかの幅《はば》は3m、長《なが》さは24mだよ」

「3×24で72m^2ね」

さっきとおなじように、エンちゃんが計算《けいさん》した。

カケルが気《き》がついた！

「長方形《ちょうほうけい》のたてとよこをはかって、それをかければ、長方形《ちょうほうけい》の面積《めんせき》がわかるんだ」

陣《じん》とりゲームをやってみよう

机《つくえ》の上《うえ》にのるようなもののひろさをもとめるとき、新聞紙《しんぶんし》や1m^2では大《おお》きすぎる。

そんなときは1辺《ぺん》が1㎝の正方形《せいほうけい》のひろさ、つまり1cm^2をもとにするほうがいい。

カケルたちは、ひろさをとりあう陣《じん》とりゲームをやってみた。

準備《じゅんび》するもの

- 1cm方眼《ほうがん》のノート
- サイコロ
- サインペン
- 色《いろ》えんぴつ

ゲームのやりかた

①ジャンケンで順番《じゅんばん》をきめる。

②サイコロを2回《かい》ふる。はじめにでた目《め》をたて、つぎにでた目《め》をよこにして長方形《ちょうほうけい》をかく。それが、その人《ひと》の陣地《じんち》になる。自分《じぶん》の陣地《じんち》には自分《じぶん》がきめた色《いろ》をぬるとよい。

③おなじように順番《じゅんばん》に陣地《じんち》をとっていく。

④2回《かい》めからは、自分《じぶん》の陣地《じんち》のとなりから陣地《じんち》をとらなければならない。

⑤相手《あいて》の陣地《じんち》をこえて陣地《じんち》をとることはできない。そういう大《おお》きな目《め》がでたときは1回休《かいやす》み。

⑥ノートがいっぱいになったら終了《しゅうりょう》。ひろい陣地《じんち》をとったほうが勝《か》ち。

サイコロで3がでたら
たて3cm。
つぎに4がでたから、
よこに4cm。
これが、わたしの陣地《じんち》。
1cm^2が12こで12cm^2。
色《いろ》をぬろう！

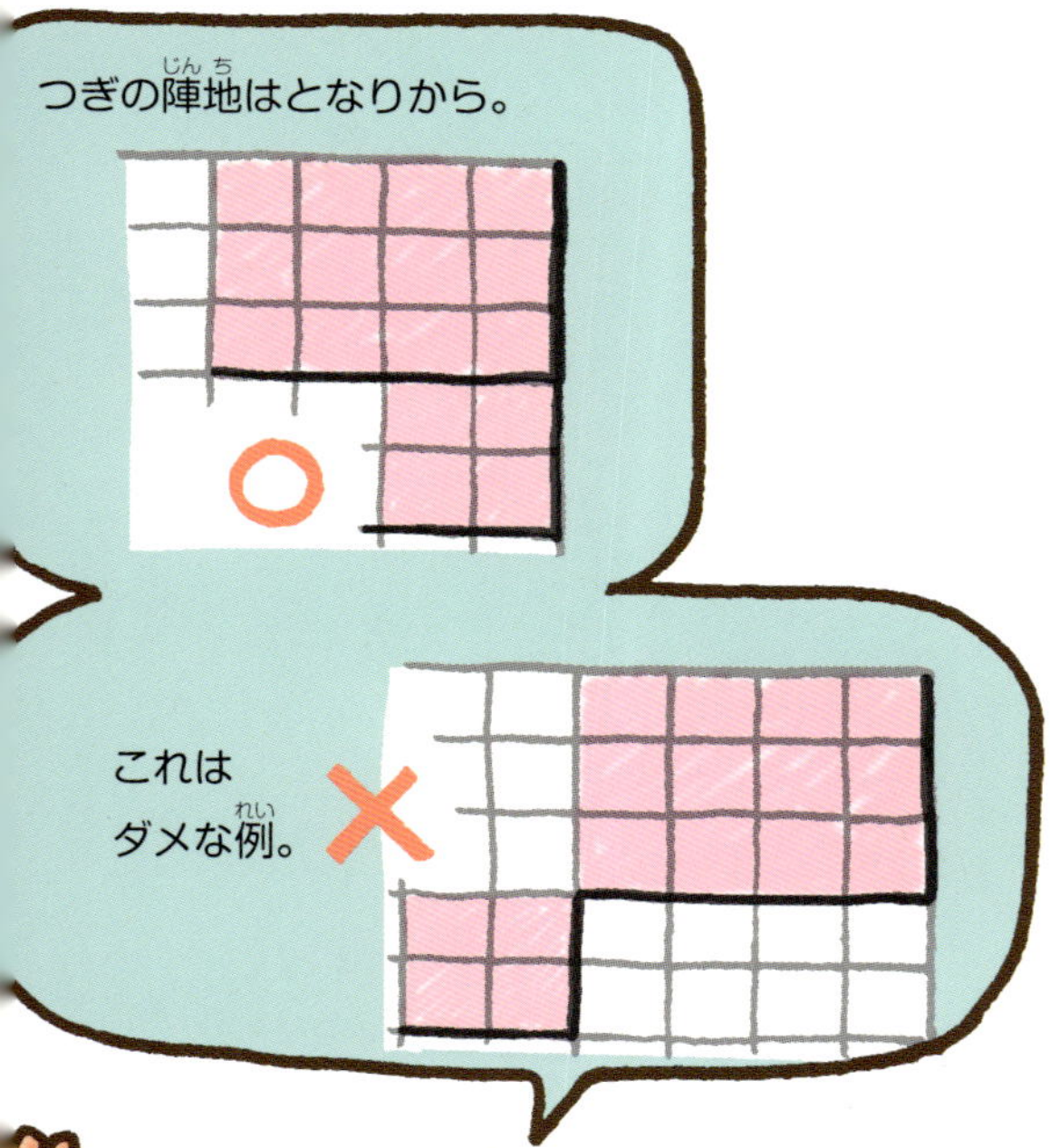
つぎの陣地《じんち》はとなりから。
これは
ダメな例《れい》。

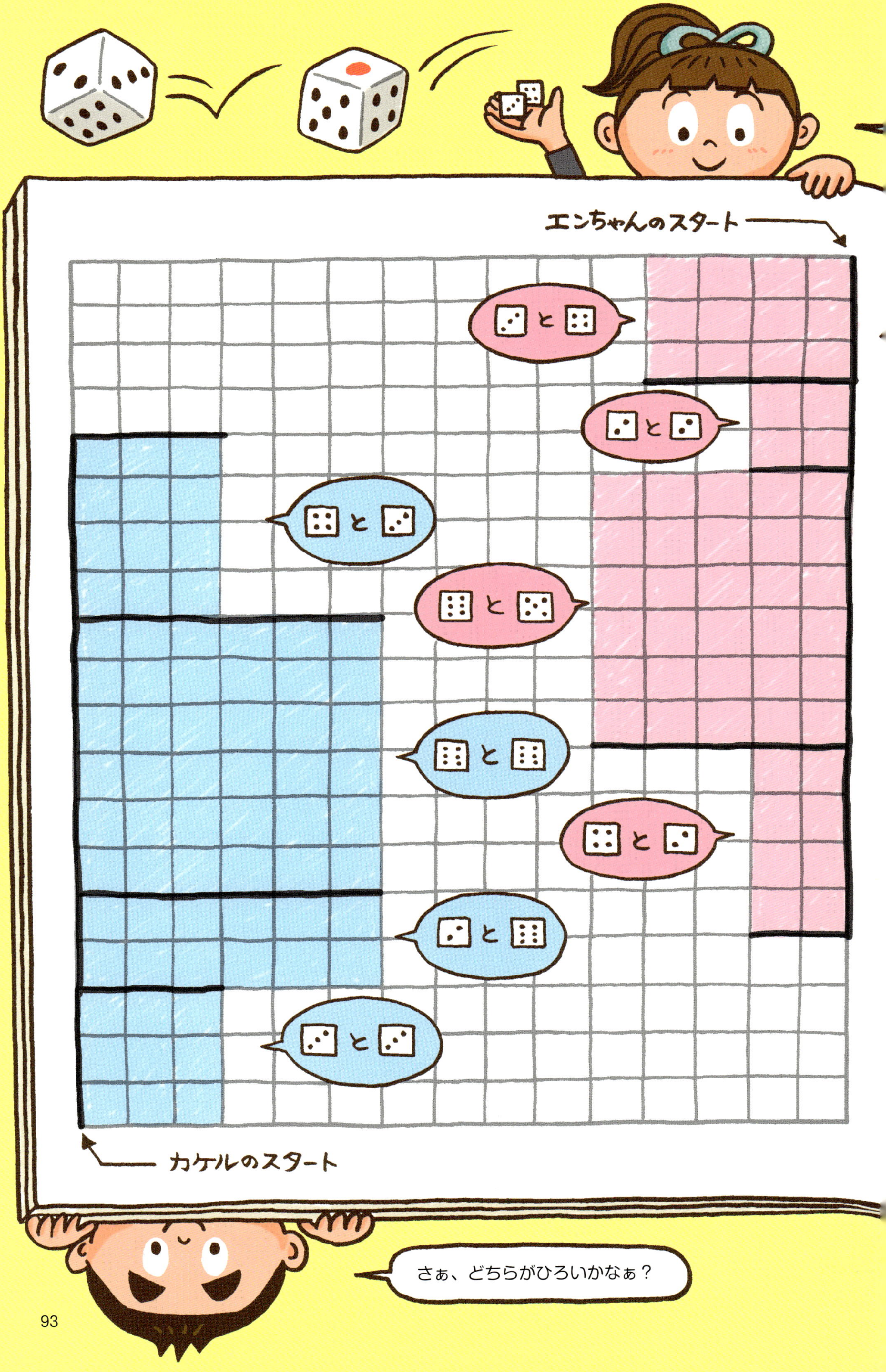
エンちゃんのスタート
カケルのスタート
さぁ、どちらがひろいかなぁ？

段《だん》ボールの中身《なかみ》はなんだろう？

カケルの町《まち》では、日曜日《にちようび》に公園《こうえん》でフリーマーケットがひらかれる。いとこのワルにいがお店《みせ》をひらくというので、カケル、エンちゃん、ワンくんの3人《にん》もてつだうことにした。さっそく、ワルにいからお店《みせ》の荷物《にもつ》はこびをたのまれたが……。

フリーマーケットを
やることにしたんだ！
てつだうよ！
段《だん》ボールにはいった
商品《しょうひん》をはこんでね。
よしきた！
ずるい！
小
中
大
まぁ、いいじゃないの。

大《おお》きい箱《はこ》が重《おも》いのか？

はりきっていたカケルだが、手《て》にしたのはいちばん小《ちい》さな箱《はこ》。

「ずるいわ」

エンちゃんはふくれている。

「まあ、いいじゃないか」

ワンくんはにやっとわらった。

荷物《にもつ》をはこびだしたが、最初《さいしょ》に音《ね》をあげたのは、なんとカケル。

「ごめん、ごめん、その小《ちい》さい箱《はこ》には古本《ふるほん》がはいっているんだ」

「小《ちい》さいから軽《かる》いとはかぎらないんだね」

と頭《あたま》をかくカケル。

「きっと、重《おも》いものは小《ちい》さい箱《はこ》にするって予想《よそう》したんだ」

とワンくん。

「重《おも》さは大《おお》きさとはちがうのね」

エンちゃんも納得《なっとく》した。

あと少《すこ》し！
どうしたの？
ひゃー！
小
大
中
重《おも》かった！
8
小
中
大
ぼくは、
そうでもなかったよ！
BAD BOY
重《おも》さは、見《み》た目《め》でわからないのね！

ふたりいっしょにはかりにのると？

身体測定《しんたいそくてい》のあと、体重計《たいじゅうけい》がおいてあるのをみつけたカケルとワンくん。ふたりはいろいろ実験《じっけん》してみたくなった。はじめに、いろんなかっこうをしてのってみたが……さて？

……
あれ？
体重《たいじゅう》はかわらない！
……
これもかわらない!?
かたちがかわっても
重《おも》さはかわらないし、
たし算《ざん》もできるんだ！
63kgになっているわ！
ぼくは、
32kgだよ。
ぼくは、31kg！

重《おも》さのだいじな性質《せいしつ》

「重《おも》さはたし算《ざん》になる」ことがよくわかったふたり。こんどは、上皿《うわざら》てんびんをつかっていろいろくらべてみることにした。てんびんで重《おも》さをくらべればくらべるほど、だんだんと重《おも》さの性質《せいしつ》がわかってきた。

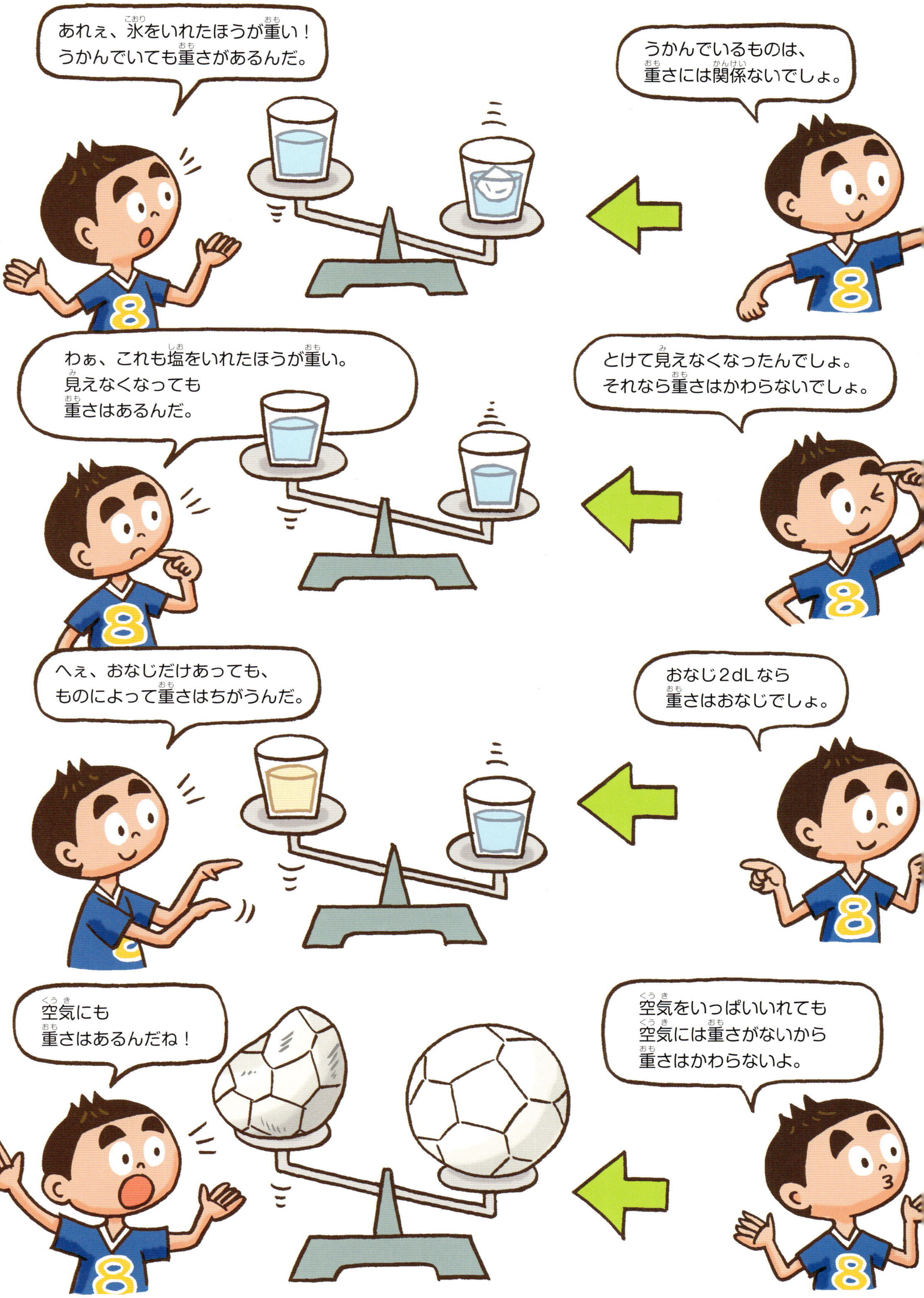
うかんでいるものは、重《おも》さには関係《かんけい》ないでしょ。
あれぇ、氷《こおり》をいれたほうが重《おも》い！うかんでいても重《おも》さがあるんだ。
とけて見《み》えなくなったんでしょ。それなら重《おも》さはかわらないでしょ。
わぁ、これも塩《しお》をいれたほうが重《おも》い。見《み》えなくなっても重《おも》さはあるんだ。
おなじ2dLなら重《おも》さはおなじでしょ。
へぇ、おなじだけあっても、ものによって重《おも》さはちがうんだ。
空気《くうき》をいっぱいいれても空気《くうき》には重《おも》さがないから重《おも》さはかわらないよ。
空気《くうき》にも重《おも》さはあるんだね！

見《み》た目《め》はあてになるのか？

学校《がっこう》の休《やす》み時間《じかん》、カケルのふでばこを見《み》たエンちゃん。「あれ、定規《じょうぎ》がはいってないよ」。「どっちが長《なが》いかくらいは、見《み》た目《め》でわかるから、いらない」とカケル。ほんとうに、見《み》た目《め》で長《なが》さはわかるのだろうか？

どちらが長《なが》い？

「ほんとうに定規《じょうぎ》もっていないの？」

ときいたエンちゃんに、カケルは堂々《どうどう》とこたえた。

「うん。めったにつかわないもん。それに、重《おも》さは見《み》た目《め》ではわからないってわかったけど、長《なが》さははからなくたって、どっちが長《なが》いかくらいはわかるでしょ」

「じゃ、これ、どちらが長《なが》いかわかる？」

エンちゃんがもってきた図《ず》を見《み》て、カケルは自信満々《じしんまんまん》に「こっち、こっち」といちばん下《した》の線《せん》をゆびさした。

ところが、定規《じょうぎ》ではかってみると、結果《けっか》はすべておなじ長《なが》さだった。

「ええ！　意外《いがい》だなあ」

「じゃ……長《なが》さじゃないけど、この図《ず》の横線《よこせん》はどんなふうに見《み》える？」

とエンちゃんはたずねた。

「えっと、ガタガタに見《み》えるよ」

とカケル。

「じゃ、定規《じょうぎ》をあててみて」

とエンちゃんはなぜかにっこり。

「うわ、ちゃんとおなじ方向《ほうこう》になっている」

カケルはびっくりした。

「こんなのを目《め》の錯覚《さっかく》というんだ」

ワンくんが解説《かいせつ》してくれた。

「そうか、重《おも》さだけじゃなくて、長《なが》さも見《み》た目《め》だけじゃわからないんだね」

カケルはすっかり、自信《じしん》をなくしてしまった。

「これからは、ちゃんと定規《じょうぎ》をつかうようにします」

一寸法師《いっすんぼうし》ってどれくらい?

図書室《としょしつ》でむかしばなしの「一寸法師《いっすんぼうし》」をみつけたカケル。鬼《おに》のおなかにはいって鬼《おに》を退治《たいじ》する主人公《しゅじんこう》にワクワク。いったいどれくらいの大《おお》きさだろう? そのとき、カケルはふと思《おも》った。「一寸法師《いっすんぼうし》の一寸《いっすん》って、長《なが》さの単位《たんい》かな?」

日本《にほん》のむかしの単位《たんい》

「一寸《いっすん》ってどれくらいだろう」

つぶやいたカケルに、ワンくんが辞書《じしょ》で調《しら》べてみたらとアドバイス。さっそく調《しら》べてみると……。

「『寸《すん》でかぞえるひとつぶんの長《なが》さ』だって」

やっぱり、cmとおなじ長《なが》さの単《たん》位《い》なんだ。

「3・03cmだって」

とワンくんが教《おし》えてくれた。

人《ひと》さし指《ゆび》と親指《おやゆび》のあいだを少《すこ》しあけて、これくらいかな? とつぶやくカケル。

「『短《みじか》い長《なが》さ』という意味《いみ》があるというから、じっさいはとても小《ちい》さい人《ひと》という意味《いみ》なのかもね」

ワンくんがつけくわえた。

「単位《たんい》はいろいろあるんだな」

カケルは、とても興味《きょうみ》をもった。

※1 m^2：1平方《へいほう》メートル

単位《たんい》のもとになったもの

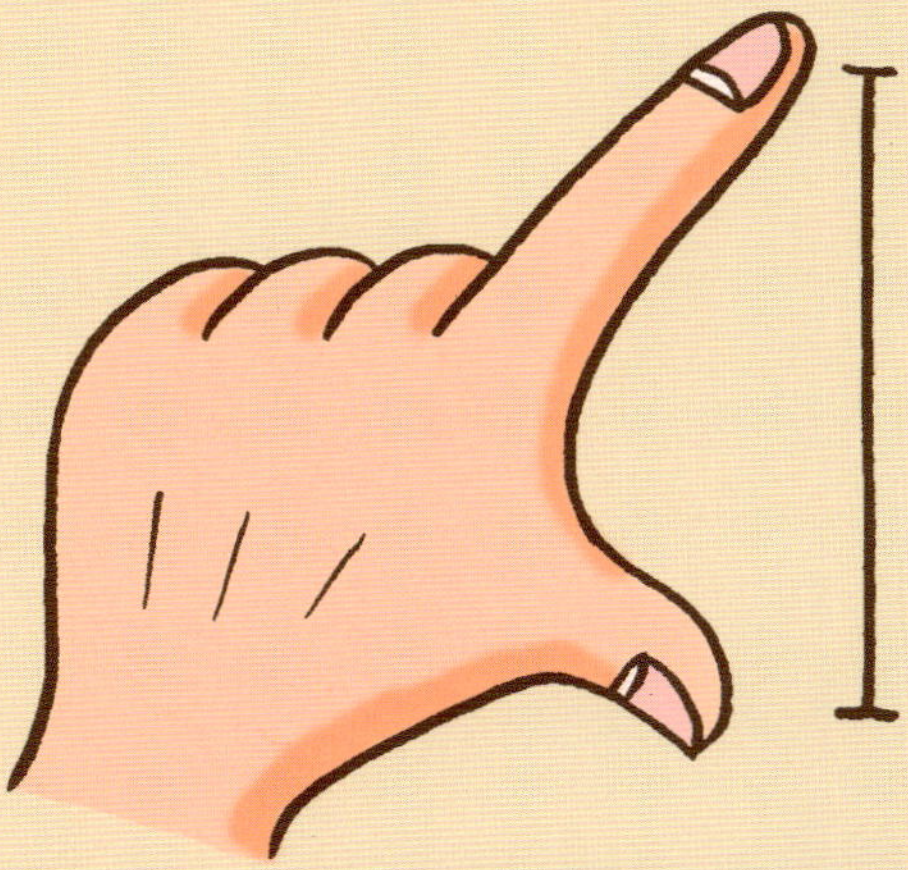

1尺《しゃく》＝人《ひと》さし指《ゆび》と親指《おやゆび》をひろげた長《なが》さ
（いまでは約《やく》30.3㎝）

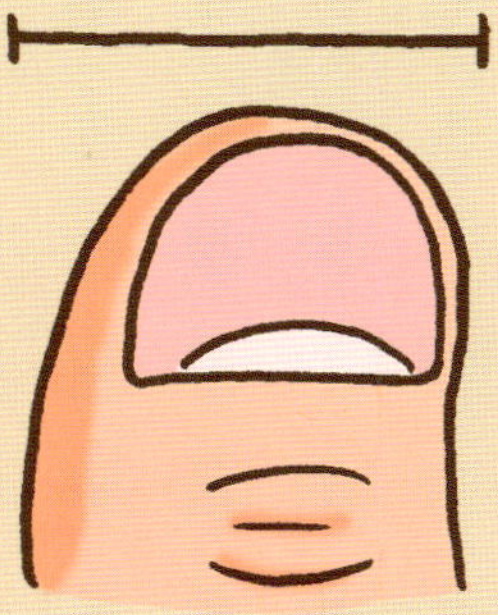

1寸《すん》＝親指《おやゆび》の幅《はば》
（いまでは約《やく》3.03㎝）

1時間《じかん》

1里《り》＝おとなが1時間《じかん》であるける距離《きょり》
（約《やく》3.93km）

1歩《ぶ》＝人《ひと》がねころんだ長《なが》さ
（約《やく》1.82m。いまでは、面積《めんせき》の単位《たんい》とされている。約《やく》3.3m^2）

中国《ちゅうごく》や日本《にほん》では、からだの一部《いちぶ》など身近《みぢか》なものが単位《たんい》のもとになってきたんだ！

1石《こく》＝おとなひとりが1年間《ねんかん》に食《た》べる米《こめ》の量《りょう》
（約《やく》180L）

単位《たんい》はどうしてうまれた？

ひろさをくらべたり、長《なが》さをしっかり確認《かくにん》したりするためにたいせつな「cm²」「m²」や「cm」「m」などの単位《たんい》。これらの単位《たんい》はどのようにしてうまれてきたのだろう？　興味《きょうみ》をもったワンくんが調《しら》べてみた。

それまで、ほかの国《くに》ではどうしていたの？
それぞれの国《くに》で、単位《たんい》をきめてつかっていたよ。フランスにも、何百《なんびゃく》もの単《たん》位《い》があったんだって！　日本《にほん》もそうだったでしょ。
1尺《しゃく》　＝約《やく》0.303m（日本《にほん》）
1フィート　＝約《やく》0.304m（アメリカ）
1ヤード　＝約《やく》0.91m（イギリス）
がそうです。
1フィートは、野球《やきゅう》やアメリカンフットボールででてくるね。両方《りょうほう》ともアメリカでうまれたスポーツだ。
人《ひと》びとが、国境《こっきょう》をこえて旅《たび》をしたり、商売《しょうばい》をしたりするようになって、共通《きょうつう》でつかえる単位《たんい》が必要《ひつよう》になったんだね。
では、フランス人《じん》は、単位《たんい》を発明《はつめい》したというより、せかい共通《きょうつう》でつかえるように統一《とういつ》しようというアイディアをだしたっていうことだね。

単位《たんい》のしくみをまとめてみると……

量《りょう》をあらわす単位《たんい》にはいろいろなものがあることがわかった。でも、「デシ」とか「ミリ」「キロ」が、どういう関係《かんけい》なのか、さっぱりわからない。そこでふたりは、それらをもう一度《いちど》整理《せいり》してみることにした。

ないわけじゃないけど、たしかに、あまりつかわれていないね。それで、さらに10個《こ》にわけると「ミリ」になる。

1000個《こ》にわけたってことだね。だから、1mは1000mmだ。ミリは、リットルにもメートルにもグラムにもあるね。

このしくみは、大《おお》きいほうにもある。1000個《こ》集《あつ》めたら「キロ」。

それも、わかるよ。km、kg、kL。

1kg
ちゃんと、10個《こ》ずつになまえがついているんだね。

まとめると下《した》のような表《ひょう》になる。「キロキロとヘクト、デカけたメートルがデシにおわれてセンチ、ミリミリ」っておぼえかたもあるよ。

k（キロ）	h（ヘクト）	da（デカ）	・	d（デシ）	c（センチ）	m（ミリ）
1000個分《こぶん》	100個分《こぶん》	10個分《こぶん》	・	10等分《とうぶん》	100等分《とうぶん》	1000等分
km	hm	dam	m	dm	cm	mm
kL	hL	daL	L	dL	cL	mL
kg	hg	dag	g	dg	cg	mg

時間《じかん》と時刻《じこく》のかんちがい

あそびにでかけようとしたカケルとワンくん。「いざ、出発《しゅっぱつ》」と思《おも》っていたら、カケルがわすれものをしていることに気《き》がついた。「ちょっとまってて！」と、家《いえ》にもどったカケルだが……。

なにいってるの！　もう、3時《じ》30分《ぷん》になるよ！　約束《やくそく》の3時《じ》20分《ぷん》を10分《ぷん》もすぎてる！
12
9
3
6
え？
約束《やくそく》より少《すこ》しはやいでしょ？
えぇ！　ぼくは、「20分《ぷん》まって」っていったつもりだったんだ。
それなら、「20分間《ぷんかん》」っていわないと！
ぼくの20分《ぷん》は15時《じ》20分《ぷん》だからここ！
時刻《じこく》
15:00
10
20
30
40
時間《じかん》
ぼくは20分間《ぷんかん》のつもりだったから、ここのあいだのことをいったんだ！
ぼくが考《かんが》えたのは「時刻《じこく》」。
カケルは「時間《じかん》」で考《かんが》えたんだ！
確認《かくにん》が必要《ひつよう》だね。

エンちゃん、おばあちゃんのところへひとり旅《たび》

もうすぐお正月《しょうがつ》。いなかにすんでいるおばあちゃんから電話《でんわ》がかかってきた。「ことしはそちらにいけそうもないからエンちゃんがこっちにおいで。お年玉《としだま》を用意《ようい》しておくからね」だって！　エンちゃんはおおよろこびだ。

おむかえは何時何分《なんじなんぷん》に？

エンちゃんがすんでいる広野市《ひろのし》からおばあちゃんがいる南浜町《みなみはまちょう》までは、のりかえなしでいける急行《きゅうこう》電車《でんしゃ》がある。

「おばあちゃんがこのまえのったかえりの電車《でんしゃ》は、たしか広野市駅《ひろのしえき》10時《じ》47分発《ふんはつ》の急行《きゅうこう》だったわ。南浜町《みなみはまちょう》まで、だいたい3時間《じかん》40分《ぷん》くらいよ」

とお母《かあ》さんが教《おし》えてくれた。

「おばあちゃんにむかえにきてもらわなくちゃ。南浜駅《みなみはまえき》につくのは何時何分《なんじなんぷん》かな？」

エンちゃんは時計《とけい》の絵《え》をかいてまず短《みじか》い針《はり》をうごかしたが、何時《なんじ》何分《なんぷん》まではわからない。そこでこんどは長《なが》い針《はり》で考《かんが》えた。

「1時間《じかん》で1まわりするから、3まわりよりもっとまわるけど、わ

あそびにおいで！
ぐるぐるまわっていた時計《とけい》をまっすぐの線《せん》にしてみると……
10時《じ》
11時《じ》
12時《じ》
13時《じ》
14時《じ》
15時《じ》
10：47
11：47
12：47
13：47
13：87
1時間《じかん》
1時間《じかん》
1時間《じかん》
40分《ぷん》
＝3時間《じかん》40分《ぷん》
午前《ごぜん》12時《じ》は午後《ごご》0時《じ》のことで、午後《ごご》1時《じ》は午前《ごぜん》13時《じ》に、午後《ごご》2時《じ》は14時《じ》になるよね。
南浜《みなみはま》につくのは、14時何分《じなんぷん》だろう？
13時《じ》47分《ふん》に40分《ぷん》をたすと、13時《じ》87分《ふん》！でも、60分《ぷん》まとまると1時間《じかん》になって、くりあがるんだ！
87分《ふん》ひく60分《ぷん》で27分《ふん》！1時間《じかん》くりあがるから、14時《じ》27分《ふん》に到着《とうちゃく》ね！

かりにくいからまっすぐな線《せん》で考《かんが》えてみよう」

エンちゃんは、ぐるぐるまわっていた長針《ちょうしん》のうごきをまっすぐな線《せん》にかいて考《かんが》えはじめた。

「10時《じ》47分《ふん》から1時間《じかん》で11時《じ》47分《ふん》、2時間《じかん》で12時《じ》47分《ふん》になって、3時《じ》間《かん》で13時《じ》47分《ふん》になるから……。あと40分《ぷん》で13時《じ》87分《ふん》になる」

エンちゃんは、首《くび》をかしげた。

「あれ？　14時《じ》を通《とお》りすぎちゃったぞ。そうか、1時間《じかん》は60分《ぷん》なんだから、14時《じ》は13時《じ》60分《ぷん》になる。87分《ふん》から60分《ぷん》をひいたのこりの27分《ふん》だけ14時《じ》からはみだしている。だから、14時《じ》27分着《ふんちゃく》だわ！」

正確《せいかく》な到着時間《とうちゃくじかん》もわかった。

「南浜駅《みなみはまえき》からおばあちゃんの家《いえ》までは30分《ぷん》くらいだから、つくとちょうどおやつの時間《じかん》だ！　楽《たの》しみ～」

「3時《じ》」がなぜ「おやつ」なの?

「もうすぐ3時《じ》。おやつだね」電話《でんわ》で話《はな》すカケルのことばをきいて、エンちゃんはふと考《かんが》えた。「どうして『3時《じ》』が『おやつ』なんだろう? カケル、わかる?」。するとカケルは「それなら、いいもの見《み》せてあげる」といってエンちゃんの家《いえ》にやってきた。カケルがもってきた紙《かみ》をひろげると、いろいろな説明《せつめい》がかいてある……。

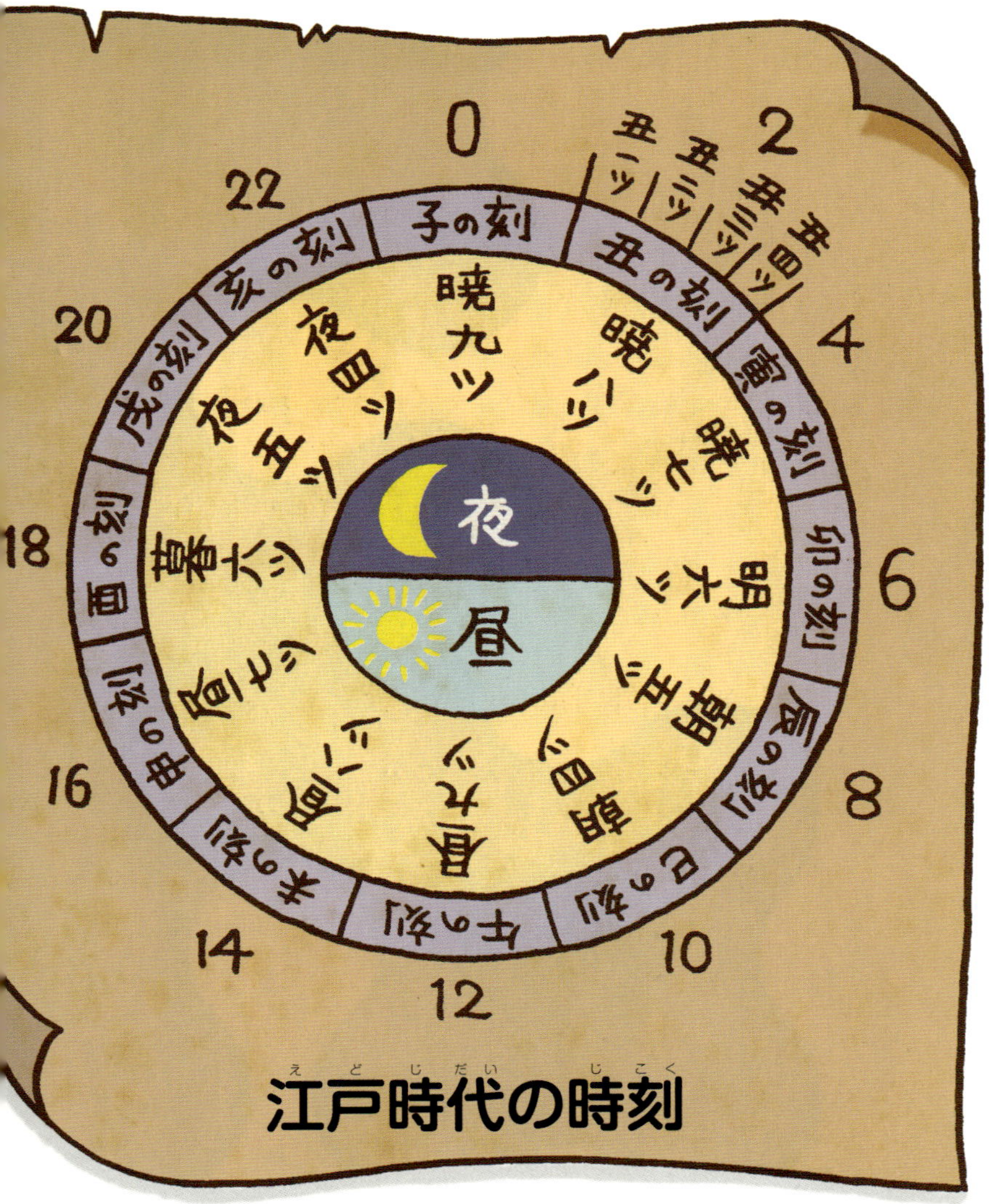
0
2
4
6
8
10
12
14
16
18
20
22
子の刻
丑の刻
寅の刻
卯の刻
辰の刻
巳の刻
午の刻
未の刻
申の刻
酉の刻
戌の刻
亥の刻
丑一ツ
丑二ツ
丑三ツ
丑四ツ
暁九ツ
暁八ツ
暁七ツ
明六ツ
朝五ツ
昼四ツ
昼九ツ
昼八ツ
昼七ツ
暮六ツ
夜五ツ
夜四ツ
夜
昼

江戸時代《えどじだい》の時刻《じこく》

まず日《ひ》の出《で》まえのぼんやりあかるくなったときを「明六《あけむ》ツ」、日没後《にちぼつご》のまだうすあかるいたそがれどきを「暮六《くれむ》ツ」といって、昼《ひる》と夜《よる》のさかいとしたんだ。

江戸時代《えどじだい》の時刻《じこく》

江戸時代《えどじだい》は、ふしぎな時刻《じこく》のよびかただったんだとエンちゃんは思《おも》った。カケルは話《はなし》をつづけた。

「1日《にち》を12等分《とうぶん》して十二支《じゅうにし》と対《つい》にして一刻《いっとき》とよぶこともあったんだ。それをさらに4つにわけて一《ひと》ツ、二《ふた》ツ、三《み》ツ、四《よ》ツとよぶこともあったんだよ」

算数《さんすう》ではたよりないカケルも、こういうことはよく知《し》っている。

「江戸時代《えどじだい》の人《ひと》たちは、朝《あさ》と晩《ばん》の1日《にち》2食《しょく》だったんだって。でも、やっぱりおなかがすくから、『昼八《ひるや》ツ』のころに小昼《こびる》とよばれる間食《かんしょく》をしたんだ。それが『おやつ』のはじまりなんだよ。『昼八《ひるや》ツ』というと、午後《ごご》2時《じ》ごろだから少《すこ》しずれるけど、それで『3時《じ》のおやつ』なんだって」

正午《しょうご》と夜《よる》の午前《ごぜん》0時《じ》を「九《ここの》ツ」として、そこからほぼ2時間《じかん》ごとに「一刻《いっとき》」ずつ「八《や》ツ」「七《なな》ツ」とへらしていく。10時《じ》ごろに「四《よ》ツ」となり、そのつぎにまた「九《ここの》ツ」にもどるんだ。
そして「明六《あけむ》ツ」から「暮六《くれむ》ツ」までの昼《ひる》の時間《じかん》と、「暮六《くれむ》ツ」から「明六《あけむ》ツ」までの夜《よる》の時間《じかん》をそれぞれ6等分《とうぶん》して一刻《いっとき》としたんだよ。
へぇ～！

「エンちゃん、『草木《くさき》もねむる丑《うし》三《み》ツ時《どき》』って知《し》ってる？」

とカケル。

「え、それ、なに？」

とエンちゃんがききかえす。

「『丑《うし》の刻《こく》』っていうのはだいたい、まよなかの1時《じ》から3時《じ》くらいのことだよ。江戸《えど》にはこれを丑《うし》一《ひと》ツ、丑二《うしふた》ツ、丑三《うしみ》ツ、丑四《うしよ》ツと4つにわけていたんだ。そうすると、『丑三《うしみ》ツ時《どき》』はまよなかの2時《じ》から2時半《じはん》くらいなんだ。むかしのことだから、まっくらで物音《ものおと》ひとつしない時間《じかん》だったんだろうね。忍者《にんじゃ》がお城《しろ》や殿《との》さまのお屋敷《やしき》にしのびこんだり、お墓《はか》でひとだまがとんだり、ヒュードロドロとおばけや妖怪《ようかい》がでてくるのは、きまってこの時刻《じこく》だったんだ」

「あまさ」を数《かず》であらわす

「お母《かあ》さん、きょうのクッキー、あまくないよ」「きょうはおとなむけにしたのよ」あまさがひかえめのクッキーを食《た》べながら、カケルは、ふと思《おも》った。「長《なが》さみたいに、あまさも数《かず》であらわせるのかなぁ？」

ひろいなぁ。

重《おも》いなぁ。

いたいなぁ。

にがいなぁ。

つめたいなぁ。

あまいなぁ。

高《たか》いなぁ。

多《おお》いなぁ。

やさしいなぁ。

ビュン!!!

はやいなぁ。

いろいろなものがあるけど、大《おお》きさを数《かず》であらわせるものとあらわせないものがあるね。「やさしさ」や「いたさ」「はやさ」「こさ」「あまさ」などは数《かず》であらわせるのかなぁ？

あまさと数《かず》の関係《かんけい》は？

長《なが》さや重《おも》さは大《おお》きさを数《かず》であらわすことができる。では「あまさ」も数《かず》であらわせるのだろうか。カケルがふしぎに思《おも》っていると、エンちゃんがいった。

「きな粉《こ》に砂糖《さとう》をまぜましょう。自分《じぶん》のすきなあまさのきな粉《こ》をつくって、それをあとで数《かず》にあらわしましょう。つかった砂糖《さとう》の重《おも》さを記録《きろく》しておいてね」

3人《にん》は、それぞれの皿《さら》にきな粉《こ》と砂糖《さとう》をいれてよくかきまぜ、少《すこ》しだけなめて、砂糖《さとう》をふやしたりきな粉《こ》をふやしたりしながら、すきな味《あじ》をつくった。

カケルはあいかわらずくいしんぼうなので、お皿《さら》に山《やま》もりの砂糖《さとう》のはいったあまいきな粉《こ》をつくった。

ところで、カケルは砂糖《さとう》をどのくらいいれたの？
3人《にん》の砂糖《さとう》の量《りょう》を表《ひょう》にしてみよう。

	カケル	エン	ワン
さとうの重さ	60g	20g	10g

ぼくのつくったあまいきな粉《こ》には砂糖《さとう》がいっぱいはいっているのに、どうしてエンちゃんのほうがあまいんだろう？

砂糖《さとう》が多《おお》くても、きな粉《こ》も多《おお》いとあまりあまくないのよ。あまいきな粉《こ》の重《おも》さも表《ひょう》にしてみましょうよ。

あまいきな粉《こ》、つくりましょう。

	カケル	エン	ワン
さとうの重さ	60g	20g	10g
あまいきな粉の重さ	200g	40g	40g

あまいきな粉《こ》1gあたり砂糖《さとう》がどれだけはいっているか、計算《けいさん》してみるね。
1gあたりの量《りょう》をもとめるのはわり算《ざん》だったね。
60g÷200g＝あまいきな粉《こ》1gあたり砂糖《さとう》0.3g
20g÷40g＝あまいきな粉《こ》1gあたり砂糖《さとう》0.5g
10g÷40g＝あまいきな粉《こ》1gあたり砂糖《さとう》0.25g

エンちゃんがつくったあまいきな粉《こ》は「あまいきな粉《こ》1gあたり砂糖《さとう》0.5g」で、いちばん大《おお》きな数《かず》になってる。
「砂糖《さとう》の重《おも》さ÷あまいきな粉《こ》の重《おも》さ」を計算《けいさん》すれば、あまさも数《かず》であらわせるんだ。

「はやさ」を数《かず》であらわす

カケルはクラスでいちばん足《あし》がはやい。3人《にん》でスピードの話《はなし》をしていたら、こんなことが頭《あたま》にうかんだ。「はやさ」は数《かず》であらわせるだろうか？　はやさは、長《なが》さや重《おも》さとおなじように、たし算《ざん》やひき算《ざん》ができるのだろうか？

体育《たいいく》の授業《じゅぎょう》で「50m走《そう》」をやったよ！ ぼくは7.8秒《びょう》で、クラスでいちばんはやかったよ。

ぼくは9.6秒《びょう》で、おそいほうだった。カケルは7.8、ぼくが9.6。数《かず》が大《おお》きいほうがおそいのは、ちょっとへんだなぁ……。

はやさは、「7.8秒《びょう》」のように時間《じかん》とおなじ単位《たんい》をつかえば、数《かず》であらわせるのかなぁ。

テレビで野球中継《やきゅうちゅうけい》をみてたら、「でた！　150キロ！」って、ピッチャーがなげたボールのはやさを数《かず》でいっていたよ。キロメートルは長《なが》さの単位《たんい》だよね……？

ールのはやさは「150キロ」

のほうが「140キロ」よりは
い。これなら大《おお》きい数《かず》のほう
がはやくなるね。

はやさは秒《びょう》であらわせる？

「50m走《そう》」のタイムが8秒《びょう》の小学生《しょうがくせい》はとてもはやい。「100m走《そう》」のタイムが15秒《びょう》の中学生《ちゅうがくせい》もはやい。でも、「50m走《そう》」を15秒《びょう》で走《はし》っても、はやいとはいえない。

距離《きょり》がおなじなら、時間《じかん》が少《すく》ないほどはやい。距離《きょり》がちがうときは、かかった時間《じかん》をくらべても、はやいかおそいかわからない。

時速《じそく》

新幹線《しんかんせん》は「時速《じそく》250km」。プロ野球《やきゅう》の投手《とうしゅ》は、ボールを「時速《じそく》150km」のスピードでなげることができる。この「時速《じそく》150km」というのは、「もしおなじはやさでボールがとんでいたとしたら、1時間《じかん》に150km先《さき》まですすむことができるはやさ」という意《い》味《み》だ。

「あまさ」を数《かず》であらわすときには、1gのきな粉《こ》にはいっている砂糖《さとう》の重《おも》さを計算《けいさん》したよね。はやさも、1秒間《びょうかん》にすすむ距離《きょり》を計算《けいさん》してみましょうよ。1あたりをもとめるときには、わり算《ざん》をつかうのよね。

チーターは、5秒間《びょうかん》に150mも走《はし》るってきいたことがあるよ。

チーターは5秒間《びょうかん》に150mすすむから、
150m÷5秒間《びょうかん》＝1秒間《びょうかん》あたり30m
だね！
このはやさを、「秒速《びょうそく》30m」といったり、「30m/秒《びょう》」とかいたりするらしいよ。

「あまさ」や「はやさ」もたし算《ざん》できるのかなぁ？
ワンくんのつくったきな粉《こ》とぼくのつくったきな粉《こ》をあわせても、あまさはふえない。

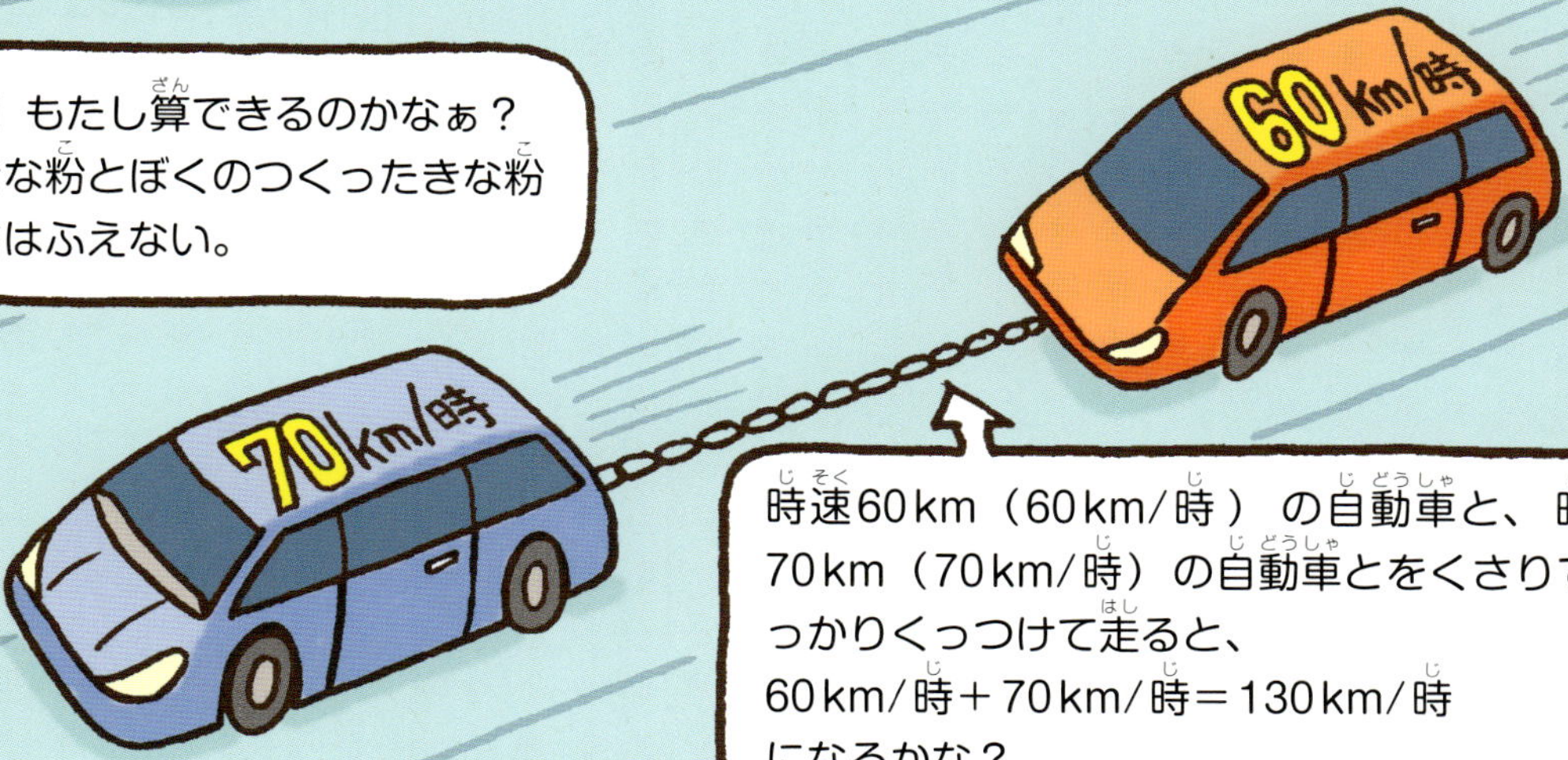

時速《じそく》60km（60km/時《じ》）の自動車《じどうしゃ》と、時速《じそく》70km（70km/時《じ》）の自動車《じどうしゃ》とをくさりでしっかりくっつけて走《はし》ると、
60km/時《じ》＋70km/時《じ》＝130km/時《じ》
になるかな？
くっつけてもはやさはふえないね。
あまさやはやさは、あわせてもたし算《ざん》にならないんだね。

「長《なが》さ」⇒左《ひだり》の点《てん》から右《みぎ》の点《てん》のあいだにある量《りょう》
「時間《じかん》」⇒はじまりからおわりまでのあいだにある量《りょう》
（このほか、「ひろさ」「重《おも》さ」などもおなじ）。

「あまさ」「はやさ」「こさ」は、なにかのあいだにある量《りょう》ではない!!

長《なが》さ・時間《じかん》のグループと、あまさ・はやさ・こさのグループは、ちがう性質《せいしつ》なんだね。
でも、どちらも「量《りょう》」のなかまなんだ。

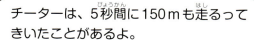

第《だい》4章《しょう》

図形《ずけい》であそぼう

かたち……
せかいじゅうのあちらこちらに、数《かず》とおなじくらいかくれているんだ。

大《おお》きかったり、小《ちい》さかったり、
すぐわかるかたちで、またそれとはわからないように姿《すがた》をかえて……。
わたしたちのくらしのなかに存在《そんざい》する
円《えん》や三角形《さんかっけい》、四角形《しかくけい》、多角形《たかっけい》、いろいろな図形《ずけい》をみつけてみよう！
そのかたちをさがしだしたら、
それをえがいたり、さわったり、つくったり、くっつけたり……。
数《かず》や計算《けいさん》のせかいとはちがう楽《たの》しさをみつけることができるはずだ。

カケルもすっかり算数《さんすう》となかよくなったみたい。
さぁ、図形《ずけい》のせかいにあそびにいこう。いざ、出発《しゅっぱつ》！

タングラムって、なに?

ある日《ひ》、カケルがきれいな板《いた》7枚《まい》と正方形《せいほうけい》の箱《はこ》をもってエンちゃんのところにやってきた。「お父《とう》さんの部屋《へや》にあったこの箱《はこ》、ひっくりかえしちゃった。この板《いた》、うまくもとどおりに箱《はこ》にしまえるかな」

7枚《まい》の板《いた》を箱《はこ》にもどす

「かんたん、かんたん」

エンちゃんは、すぐに7枚《まい》の板《いた》を箱《はこ》のなかにもどした。

「これ、タングラムっていうあそびなの。板《いた》をうまくならべると、いろいろなかたちができるのよ。カケルも、やってみない?」

カケルがやると、すぐに長方形《ちょうほうけい》や直角二等辺三角形《ちょっかくにとうへんさんかっけい》ができた。

「なにかかいた紙《かみ》がなかった?」

「そういえば、こんな……」

エンちゃんにたずねられ、カケルはおりたたまれた紙《かみ》をとりだした。みると、3匹《びき》のネコのシルエットがかいてある。エンちゃんは7枚《まい》の板《いた》をうまくならべて、そのうちの1匹《びき》をつくった。

エンちゃんは、つぎつぎにいろんなかたちをつくっていく。

7枚《まい》の板《いた》を下《した》のようにならべかえると、長方形《ちょうほうけい》や直角二等辺三角形《ちょっかくにとうへんさんかっけい》ができる。

どうならべれば、紙《かみ》にかかれたネコが
できるだろう？

AとBとCで、ならべかたのちがいがわかるかな？

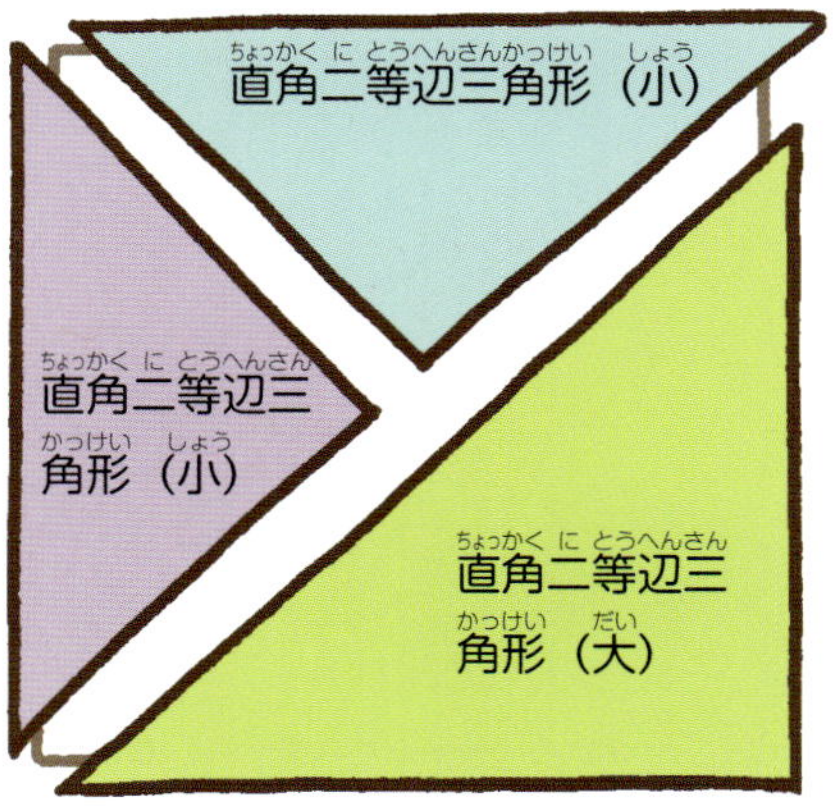

やってみよう！

①正方形《せいほうけい》を半分《はんぶん》にして、直角《ちょっかく》二《に》等辺《とうへん》三角形《さんかっけい》（大《だい》）１枚《まい》をきりはなす。
②のこりを半分《はんぶん》にして、２枚《まい》の直角《ちょっかく》二《に》等辺《とうへん》三角形《さんかっけい》（小《しょう》）をつくる。

これだけでもいろいろなかたちをつくることができるが、これを２セット、またはたくさん用意《ようい》してならべると、もっといろいろなかたちができる。

1セット3枚《まい》をならべかえてみよう！

かぶと

家《いえ》

3セット9枚《まい》つかってみると……

走《はし》る人《ひと》

めざせ！ タイル職人《しょくにん》

春休《はるやす》み。「新学期《しんがっき》の教室《きょうしつ》はどこになるのだろう」と学校《がっこう》にいってみたカケルとエンちゃん。すると、ろうかはタイルのはりかえ工事中《こうじちゅう》。「なんだか、おもしろそう」。ふたりは、職人《しょくにん》さんにタイルはりのてつだいをさせてほしいとたのんだ。

もとになるタイル
もう1枚《まい》を90°回転《かいてん》させてならべると半円《はんえん》ができる。
ろうかにはたくさんの水玉《みずたま》もよう！

タイルでもようをつくる

ちょうど昼休《ひるやす》みになった。職人《しょくにん》さんが、「ならべてみるだけならいいよ」といってくれた。

さっそくタイルならべをはじめたふたり。

「へびだぞ！」

カケルはへびのもようをつくって大《おお》はしゃぎ。

「わたしは花《はな》のクッキー！」

と、エンちゃん。

職人《しょくにん》さんが、

「かわいいもようができたね。ろうかのもようにつかおうかな」

といってくれたので、ふたりとも大《おお》よろこび。

そして、職人《しょくにん》さんは、

「かえり道《みち》、歩道《ほどう》のしき石《いし》をよく見《み》てごらん。いろんなもようがあるよ」

カケルのヘビ

もとになるタイル（2枚《まい》）と90°回転《かいてん》したタイル（8枚《まい》）を左《ひだり》のようにならべる。

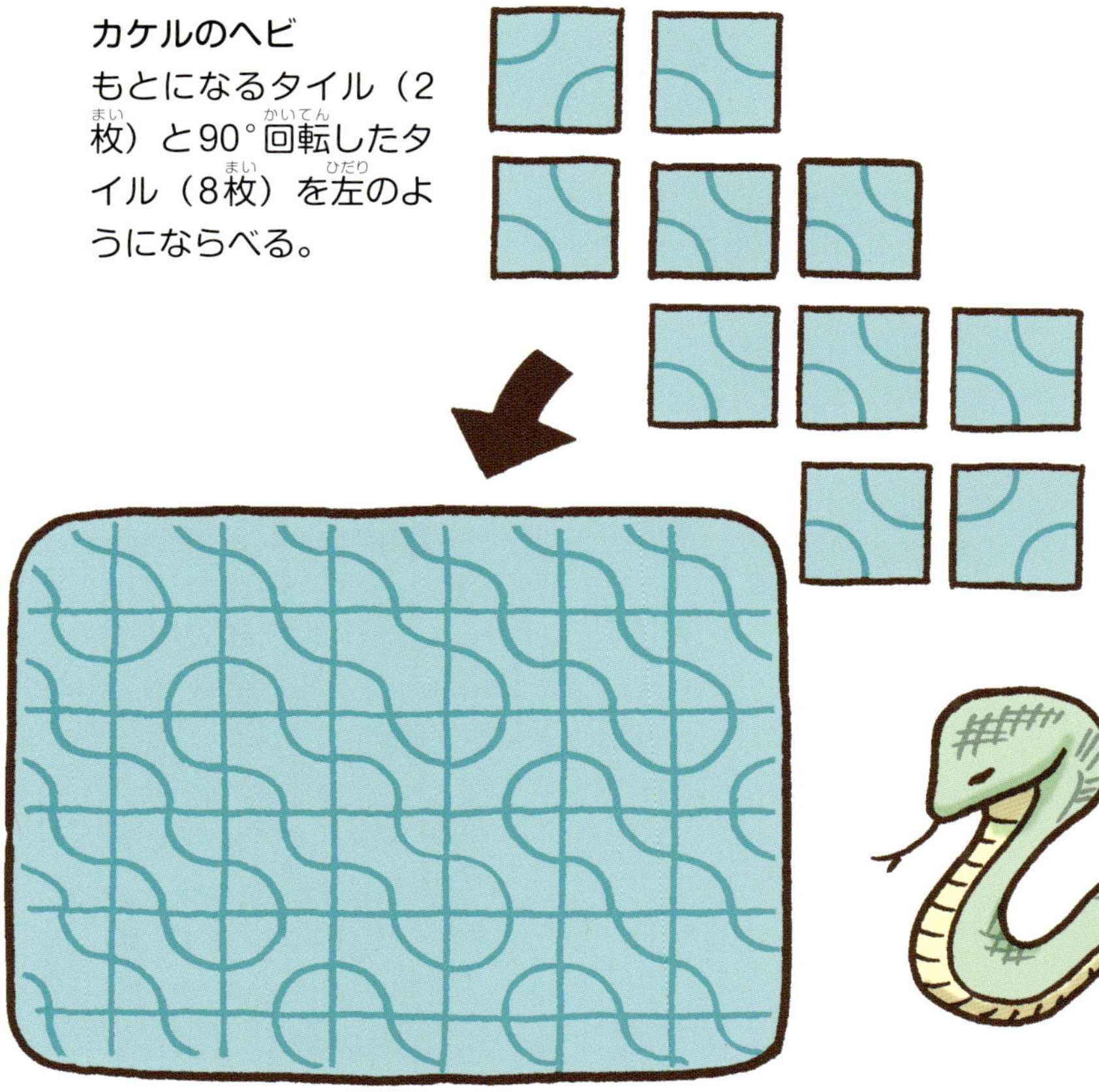

エンちゃんの花《はな》のクッキー

タイルをどうならべているか、考《かんが》えてみてね！

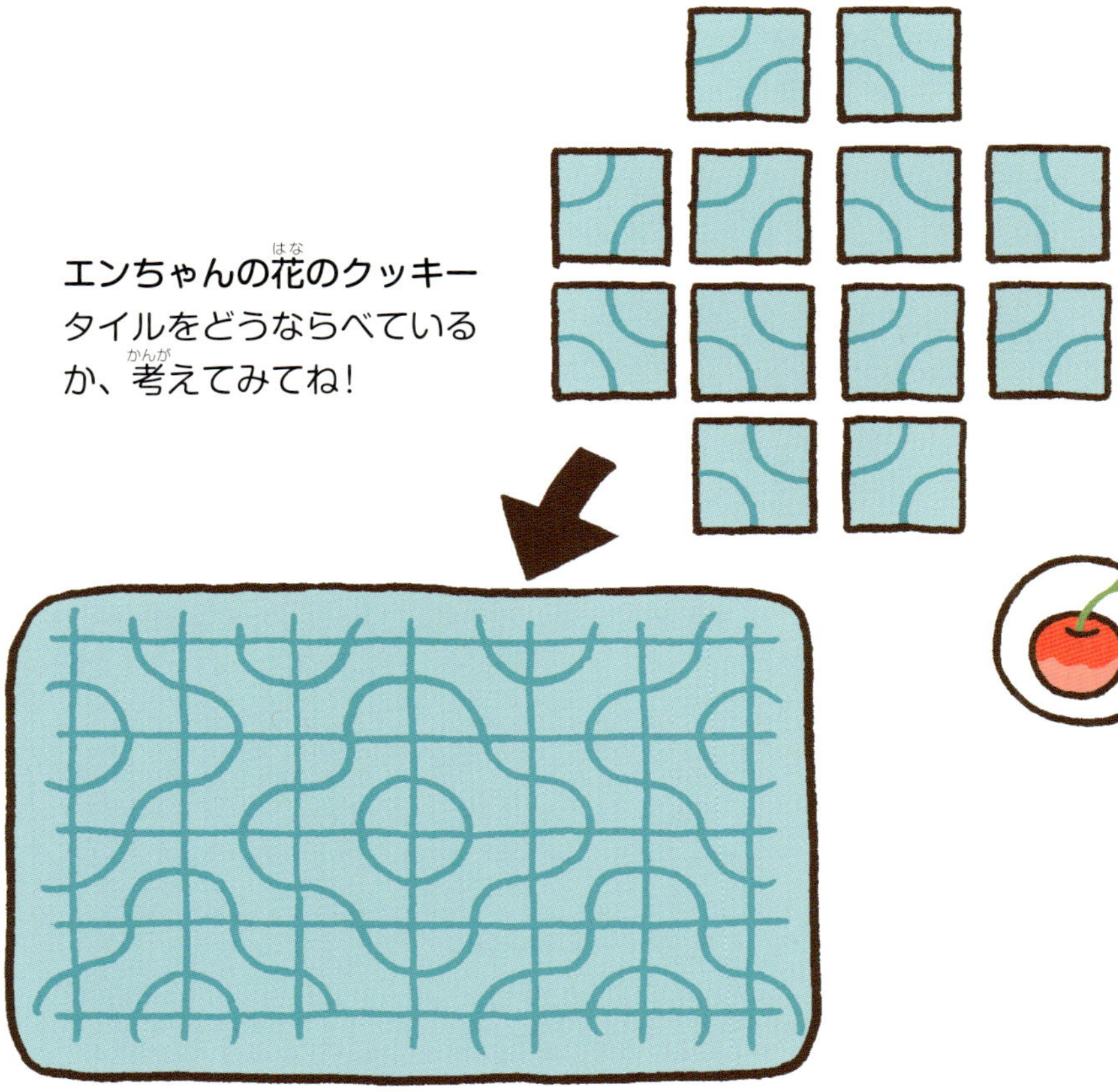

エンちゃんとカケル、町《まち》でキョロキョロ

「おもしろかったね」。学校《がっこう》からのかえり道《みち》、エンちゃんとカケルは職人《しょくにん》さんにいわれたように、くりかえしもようをさがしながら町のなかを歩《ある》いていた。すると、カケルが急《きゅう》にたちどまった。「これ、みて！　おなじもようのくりかえし！」

商店街
これは をならべているわ。
これは のくりかえしだ！

くりかえしのふしぎ

エンちゃんも、マンションの壁《かべ》とそのまえの道《みち》をみて思《おも》った。

「もとになるのはおなじタイル2個《こ》なのに、ならべかたがちがうとぜんぜんちがうもようになるんだ」

商店街《しょうてんがい》の道《みち》にでると、カケルがいった。

「動物《どうぶつ》がいっぱいだ！」

見《み》ると、うまくならべられたタイルのまんなかに正方形《せいほうけい》があり、いろいろな動物《どうぶつ》の絵《え》がかかれている。

「ツル、ヘビ、パンダ……。たくさんいるよ」

家《いえ》にかえるとちゅうにも、たくさんのくりかえしもようを見《み》つけたエンちゃん。自分《じぶん》でも考《かんが》えてみた。

店
○○商店街
をつかって
風車《ふうしゃ》をつくってならべたよ！

星《ほし》いっぱいの応援旗《おうえんき》をつくろう!

カケルたちのサッカーチーム「GO!GO!スターズ」が市《し》の大会《たいかい》に出場《しゅつじょう》することになった。エンちゃんは「スターズなんだから、いっぱい星《ほし》をかかなくちゃ」と、応援《おうえん》旗《き》の図案《ずあん》を考《かんが》えている。

①五角形《ごかっけい》のなかに星《ほし》をかく
②星《ほし》のなかに五角《ごかっ》形《けい》を発見《はっけん》
③その五角形《ごかっけい》のなかにまた星《ほし》がかける

五角形《ごかっけい》のなかにできた星《ほし》

エンちゃんは、大《おお》きな五角形《ごかっけい》のなかに大《おお》きな星《ほし》をかいてみた。

そこへカケルが登場《とうじょう》して、「もっといっぱい星《ほし》をかいてよ」と注文《ちゅうもん》をつけた。そしてすぐ、練習《れんしゅう》にいってしまった。

しばらく星《ほし》を見《み》ていたエンちゃんは、その星《ほし》のなかにまた五角形《ごかっけい》ができていることに気《き》がついた。

正五角形《せいごかっけい》をかいてみよう！

①コンパスで円《えん》をかく。
中心《ちゅうしん》と円周《えんしゅう》のひとつの点《てん》をむすんで半径《はんけい》をかく。

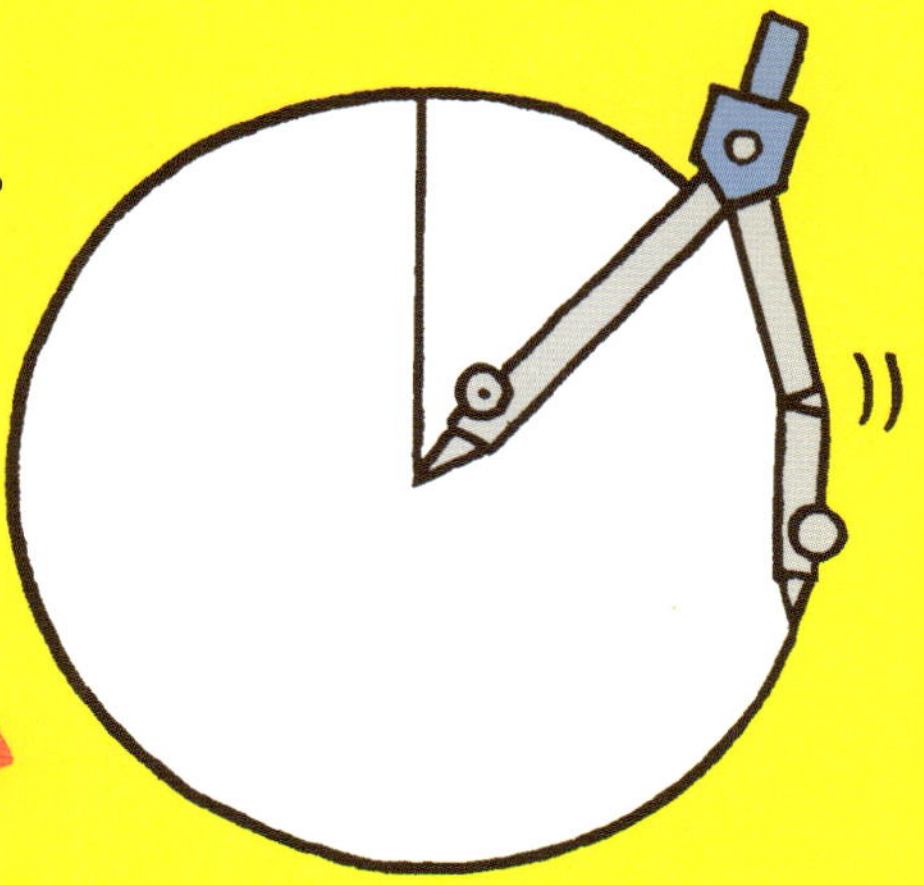

②円周《えんしゅう》（360°）を5つにわける。
360÷5＝72
72°ずつ分度器《ぶんどき》ではかって、円周《えんしゅう》をくぎり、しるしをつける。

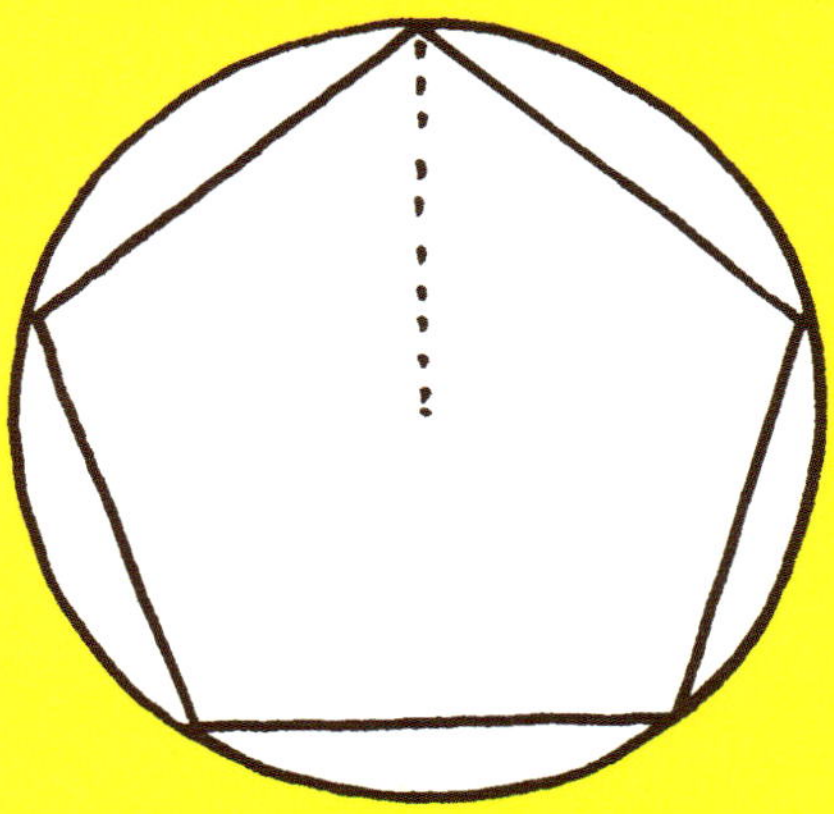

③くぎった点《てん》を順《じゅん》にむすぶと、
正五角形《せいごかっけい》ができる。

線《せん》をのばしていくと、
また星《ほし》ができたわ。

もっとたくさん星《ほし》をかくには？

頭《あたま》をかかえながら、いろいろと線《せん》をひいていると、はじめの五角《ごかっ》形《けい》の右《みぎ》がわにも星《ほし》がならんだ。

そこへワンくんがあそびにきた。

「なにをなやんでいるの？」

「カケルのサッカーの応援旗《おうえんき》を考《かんが》えているんだけど、いい案《あん》がうかばなくて……」

エンちゃんがそういうと、ワンくんも旗《はた》の図案《ずあん》をいっしょに考《かんが》えてくれることになった。

「右《みぎ》がわに星《ほし》がならぶということは、左《ひだり》がわにもならべられるよね」

とワンくん。

エンちゃんとワンくんは、星《ほし》がいっぱいかかれた応援旗《おうえんき》の図案《ずあん》をつくった。

左《ひだり》にも星《ほし》がかけるん
じゃない？
あ、そうだね！

GO!GO! STARS
できた、
できた！

フィールドはどこだ！

いよいよカケルの試合《しあい》の日《ひ》が近《ちか》づいてきた。けれど、ふたりは試合会場《しあいかいじょう》になる緑原《みどりはら》中学校《ちゅうがっこう》がどこにあるのか、どうやっていけばいいのか、よくわからない。エンちゃんは市内《しない》の地図《ちず》がくわしくかかれた市街地図帳《しがいちずちょう》をもってきた。

地図《ちず》でさがしてみよう

エンちゃんは、まず巻末《かんまつ》の索引《さくいん》で「緑原中学校《みどりはらちゅうがっこう》」をさがすと「15ページ・B2」とあった。つぎに15ページをあけると、ページの上下《じょうげ》にA・B・C……、左右《さゆう》に1・2・3……とかいてある。Bのらんと2のらんがぶつかった四角《しかく》のなかに、緑原中学校《みどりはらちゅうがっこう》があった。

エンちゃんは、自分《じぶん》の家《いえ》もさがしてみたくなった。

「広野市日向台《ひろのしひなただい》1―23―45……」

エンちゃんは索引《さくいん》で自分《じぶん》の住所《じゅうしょ》をさがしてみた。エンちゃんのすんでいる町名《ちょうめい》もおなじページのE6の四角《しかく》のなかにあった。

「うちから緑原中《みどりはらちゅう》って、ずいぶんはなれているけど、バスにのっていけばいいよね。あの応援旗《おうえんき》をもって、みんなで応援《おうえん》にいこう」

おなじ方法《ほうほう》は教室《きょうしつ》でも！

エンちゃんはふと思《おも》いだした。

「教育実習《きょういくじっしゅう》の先生《せんせい》がはじめて教室《きょうしつ》にきたとき、わたしたちのなまえがわからないから、『まえから2番《ばん》めの、まどから4列《れつ》めのあなた。この問題《もんだい》をといてください』といって、わたしをあてたことがあったっけ……。あれも、この地図帳《ちずちょう》とおなじ方法《ほうほう》だったんだ！」

エンちゃん、暗号文《あんごうぶん》でカケルをはげます

あしたはいよいよカケルのサッカーの試合《しあい》。エンちゃんは、カケルに応援《おうえん》のメッセージをおくることにした。でも、ただの文《ぶん》ではつまらない……。

「そうだ！ あの地図《ちず》のアイディアで、暗号文《あんごうぶん》ができる！」

この暗号《あんごう》、読《よ》めるかな？

暗号文《あんごうぶん》をおくることをひらめいたエンちゃん。さっそく、メッセージを考《かんが》えた。

「カケル、…………」

たて4段《だん》・よこ4列《れつ》の表《ひょう》をつくり、たての段《だん》には1234、よこの列《れつ》にはABCDと順番《じゅんばん》にしるしをつけた。それから、カケルのカはC2のわく、ケはA1のわくに……と、16文字《もじ》のメッセージをかいて、その下《した》に暗号《あんごう》をとくヒントをかきこんだ。こうして、上《うえ》のような暗号《あんごう》のメッセージができあがった。

エンちゃんは、さっそくこれを封筒《ふうとう》にいれて、カケルの家《いえ》の郵便《ゆうびん》受《う》けにとどけにいった。

さて、カケルはこの暗号《あんごう》を読《よ》めるだろうか？

※エンちゃんの暗号文《あんごうぶん》：カケルかっこよくシュートをきめて

なんと！ 返事《へんじ》も暗号文《あんごうぶん》

夕方《ゆうがた》、エンちゃんの家《いえ》の郵便受《ゆうびんう》けにカケルからの返事《へんじ》がとどいた。封筒《ふうとう》をあけてみると、なんと暗号文《あんごう》ぶん《ぶん》での返事《へんじ》だった！ しかも5×5の25文字《もじ》もある。

「カケルったら、わたしのマネをしたのね。きっとワンくんにてつだってもらったんだわ」

B4が「か」、D3が「つ」、C1がまた「か」、それから……。読《よ》んでいくと、とんでもないおねだりがかいてあった。

「かつからマルでサンカクでシカクのケーキをつくってね」

マルでサンカクでシカク?!

いったい、どんなかたちなんだろう?

エンちゃん、「○《マル》で△《サンカク》で□《シカク》なケーキ」に挑戦《ちょうせん》！

試合《しあい》に勝《か》ったカケルは、「ねえ、約束《やくそく》だからおいわいにケーキをつくってよ」と、おねだり。「マルでサンカクでシカクな、でっかいやつ。あとでエンちゃんの家《いえ》にいくから、楽《たの》しみにしているよ」と、かってな注文《ちゅうもん》をつける。

「いったいどんなかたちのケーキ？」

家《いえ》にかえったエンちゃんは台所《だいどころ》で考《かんが》えた。コーヒーのドリッパーが、どうやらそれらしいかたちをしている。これをひっくりかえして……。

どんなかたちか見当《けんとう》がついてきた。そこでエンちゃんは長《なが》い長方形《ちょうほうけい》の両《りょう》はしに半円《はんえん》をかいた紙《かみ》をまんなかでおりまげた。半円《はんえん》を底《そこ》にしておいてみると、上《うえ》からはまるく、よこからは四角《しかく》に見《み》える。

これにねんどみたいなやわらかいものをもりつけて、ラップをかぶせておしつければ、正面《しょうめん》からは三角形《さんかっけい》に見《み》えるだろう。

「カケルは、さつまいもがすきだったはず……」

さっそく、お母《かあ》さんにたのんで

おりまげて、
たてる。
スイートポテトを
のせる。
ラップをかぶせて
なでつけて、
完成！
オイシイ！
オイシイ！

スイートポテトをつくってもらった。そして、この紙《かみ》の上《うえ》にスイートポテトをていねいにぬりつけていくと、なんとか「マルでサンカクでシカク」なケーキができた。

しばらくするとカケルがやってきた。

「ケーキはできてる？」

エンちゃんはカケルのまえに大《おお》きなスイートポテトをおいた。

「あっ、マルでサンカクでシカクのケーキだ。エンちゃん、ありがとう」

といって、カケルはあっというまに食《た》べてしまった。

「あんなに苦労《くろう》したのに……」

エンちゃんはざんねんそうに見《み》ていたが、

「よろこんで食《た》べてくれたから、まあいいか……」

とつぶやいた。

おかしのはいったテトラパックを買《か》う！

そとからかえるとちゅうで、エンちゃんはコンビニにより道《みち》をして、チョコやキャンディ、こんぺいとうがはいったきれいなテトラパックをたくさん買《か》ってきた。あけて食《た》べようとして、エンちゃんは考《かんが》えた……。「これ、ふしぎなかたちだね」

もっと大《おお》きなパックをつくろう！

まわりに正三角形《せいさんかっけい》が4つ、銀紙《ぎんがみ》でできている。エンちゃんはもっと大《おお》きいのをつくりたくなった。ひとつあけて中身《なかみ》を食《た》べてからパックをつぶしてみると……ただの袋《ふくろ》だ……。

「これなら封筒《ふうとう》でつくれるわ」

エンちゃんはさっそく封筒《ふうとう》をさがしてきて、パックのとおりにおり目《め》をつけた。よけいなところを切《き》り落《お》としてふくらませ、セロハンテープでとめるとパックとおなじかたちができた。

そこへワンくんがやってきた。

「これをたくさんつくってつみあげたら、もっと大《おお》きいのができそう」

さっそくふたりでおなじかたちをたくさんつくってならべてみた。

3つならべてみるとひとまわり大《おお》きい立体《りったい》の土台《どだい》ができた。その上《うえ》に4つめをのせるとまんなかにすきまができている。ここにいくつかつめこむことができそうだ。上《うえ》にのせた4つめをはずして、まんなかのすきまにいれてみたが、うまくいかない。

このすきまは、いったいどんなかたちをしているんだろう？

もう一度《いちど》4つつみあげて、しばらく考《かんが》えこんでいたが、ワンくんがあることに気《き》がついた。

「このすきまをうめるためには、正三角形《せいさんかっけい》の面《めん》が8つ必要《ひつよう》なんだよ」

「え、どうして？」

「つみあげた4つをよく見《み》てごらんよ。その4つにくっつく正三角《せいさんかっ》形《けい》が4つ。それからすきまのところに4つ。底《そこ》もあるからね。だから全部《ぜんぶ》で8つというわけさ」

ワンくんがいった。

「パックをふたつはりあわせても6面《めん》しかできないよ……。あっそうか、ピラミッドのかたちにすればいいのかも」

エンちゃんもひらめいた。

そして、パックをふたつ切《き》りひらいてくみあわせて、ピラミッドのかたちをつくった。底《そこ》が正方形《せいほうけい》でまわりに正三角形《せいさんかっけい》が4つ。

さらにその正方形《せいほうけい》どうしをはりあわせると、正三角形《せいさんかっけい》の面《めん》が8つの立体《りったい》ができた。これをあのすきまにはめこんでみると……ぴったりだ！

パカッ
ぴったりだ。
すきまにあわせる
底《そこ》でふたつをはりつける
できたー!
完成!

エンちゃん、おりがみで「正三角形《せいさんかっけい》の板《いた》」をつくる

エンちゃんがおりがみで正三角形《せいさんかっけい》の板《いた》をつくっている。これを「つぎて」でつないで、封筒《ふうとう》でつくったテトラパックよりきれいなかたちにするとはりきっている。カケルとワンくんもてつだうことになった。

「正三角形《せいさんかっけい》の板《いた》」のつくりかた

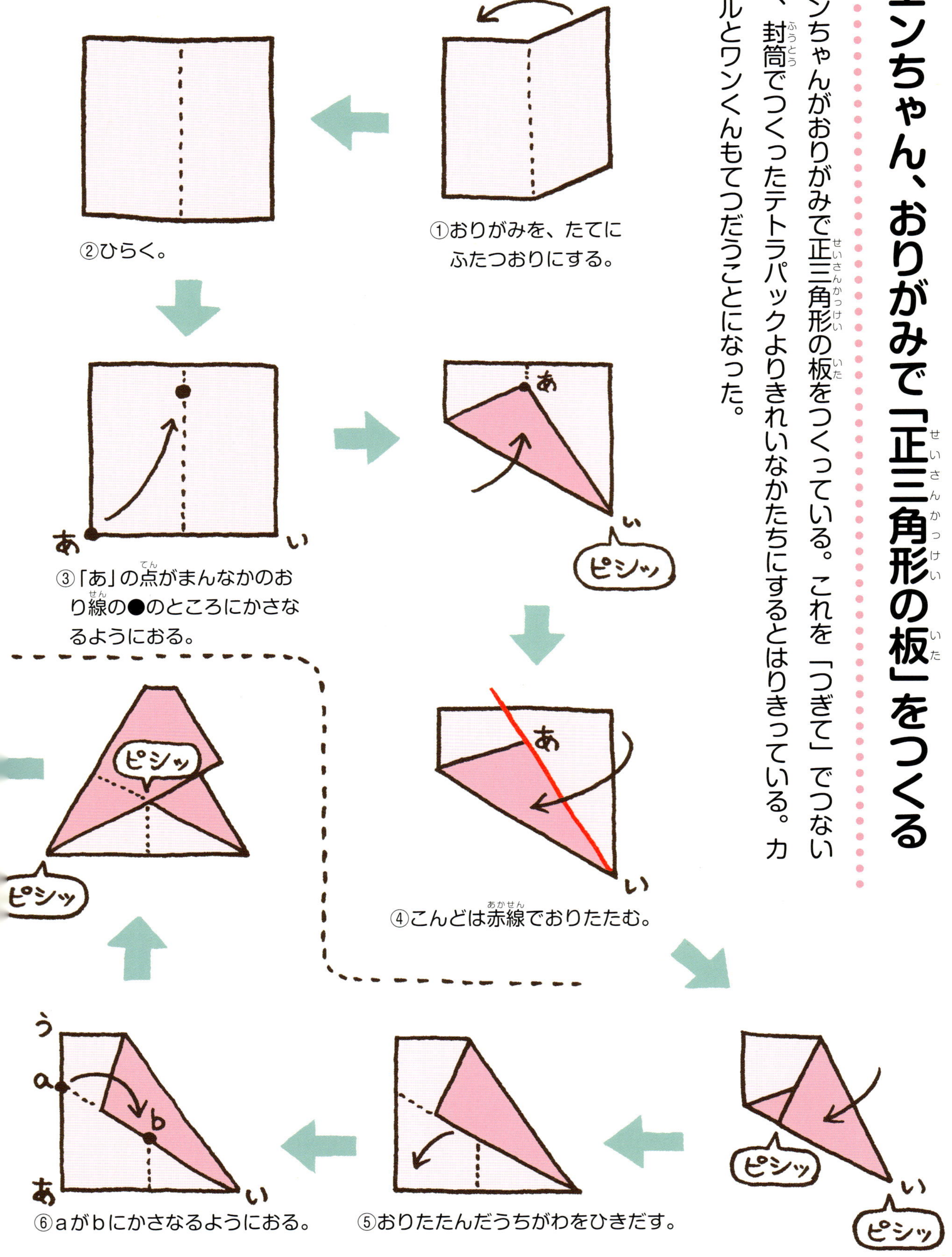

①おりがみを、たてにふたつおりにする。

②ひらく。

③「あ」の点《てん》がまんなかのおり線《せん》の●のところにかさなるようにおる。

④こんどは赤線《あかせん》でおりたたむ。

⑤おりたたんだうちがわをひきだす。

⑥aがbにかさなるようにおる。

「つぎて」のつくりかた

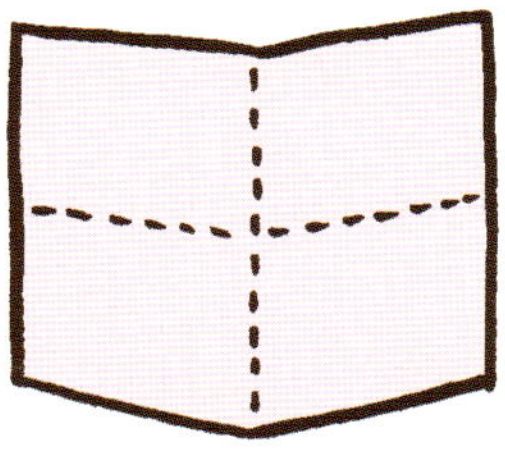

①おりがみをたてよこにふたつおりにして……

②4つに切《き》りはなす。

③その1枚《まい》をうらがえし、4つのかどをまんなかにあわせておる。

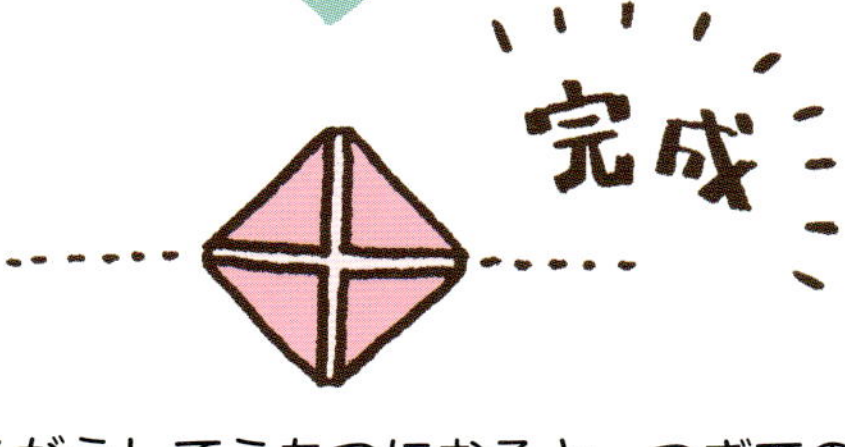

④うらがえしてふたつにおると、つぎてのできあがり。

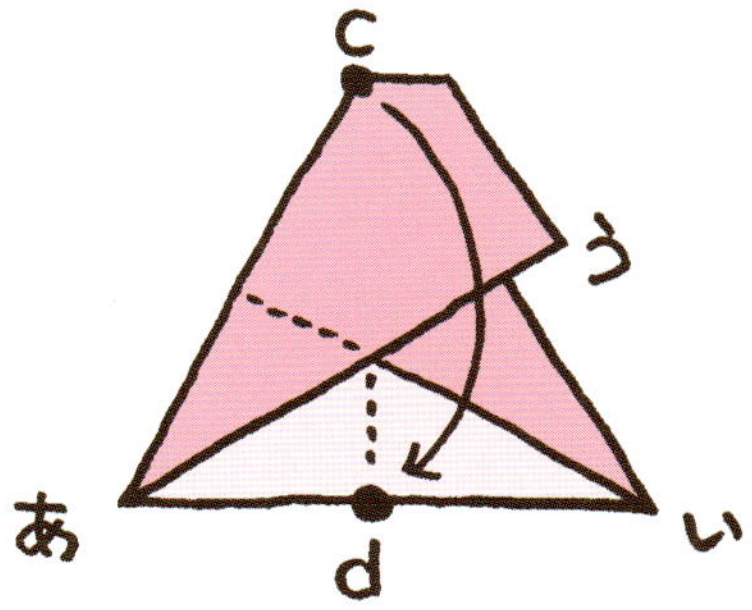

⑦cがdにかさなるようにおる。

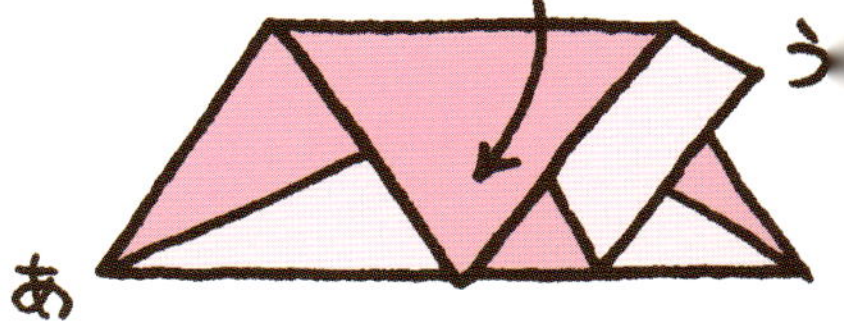

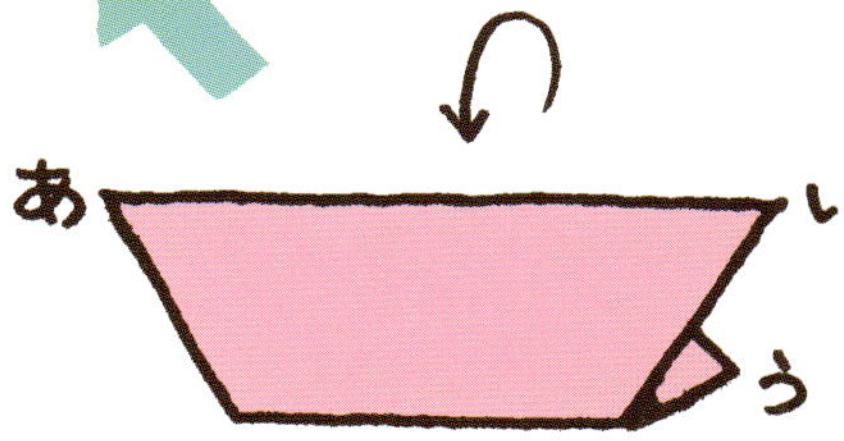

⑧うらがえして……

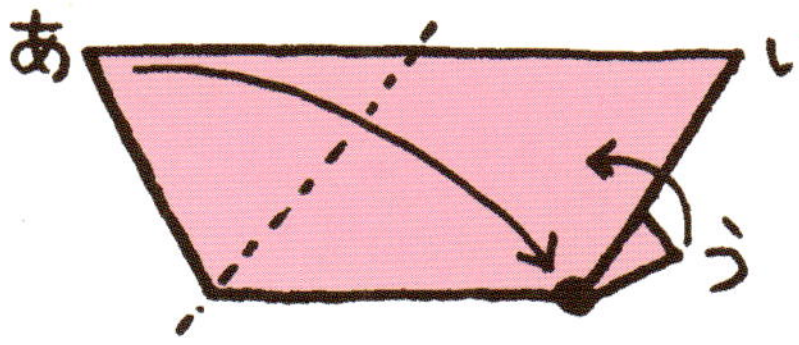

⑨波線《はせん》でおる。小《ちい》さくはみだしている「う」もおりかえす。

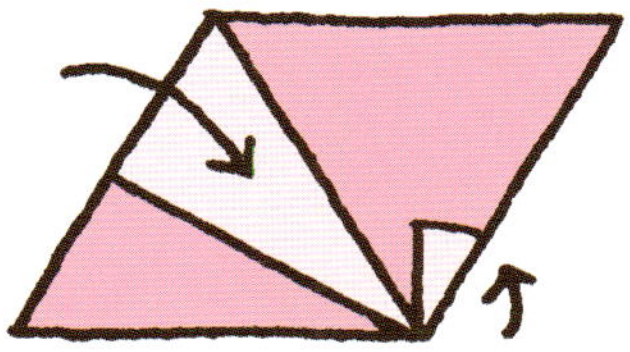

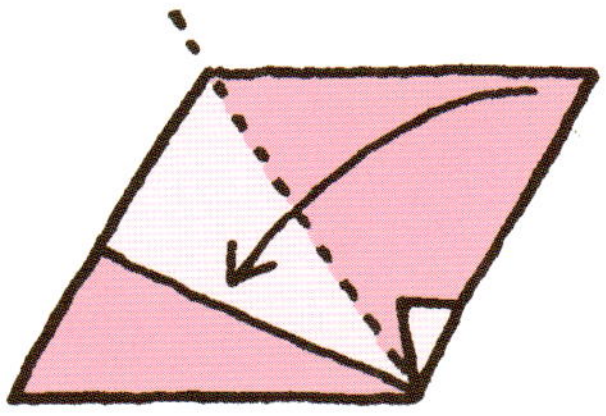

⑩右《みぎ》の三角形《さんかっけい》をおって、ポケットにいれれば完成《かんせい》。

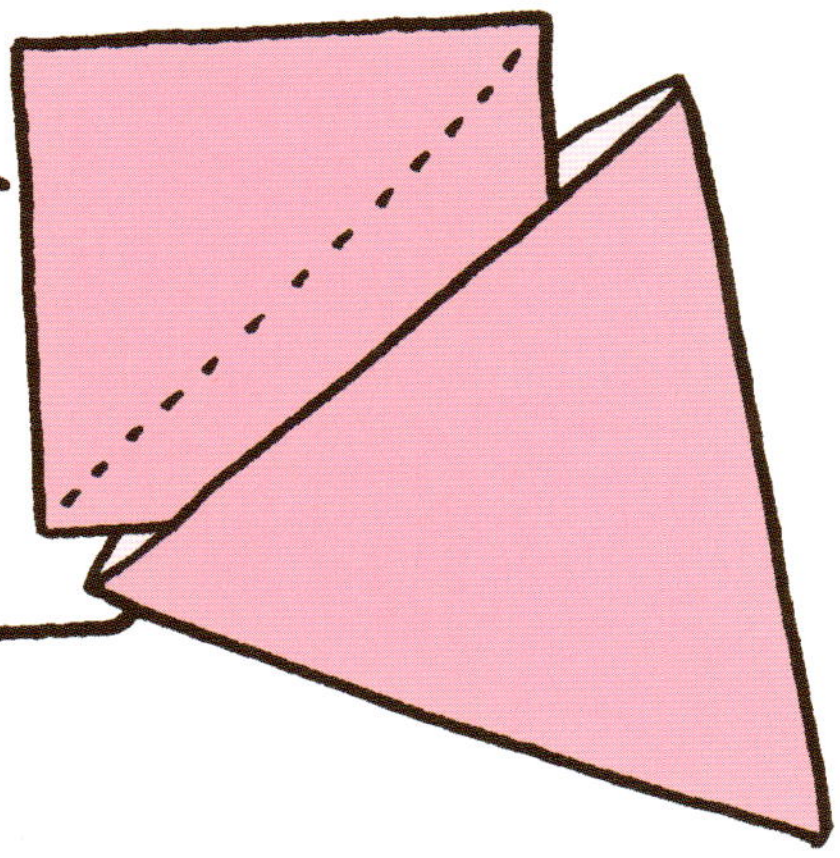

正三角形《せいさんかっけい》の板《いた》につぎてをいれて、ほかの正三角形《せいさんかっけい》の板《いた》とつないでいく。かるくノリをつけてはさむといいかも……。

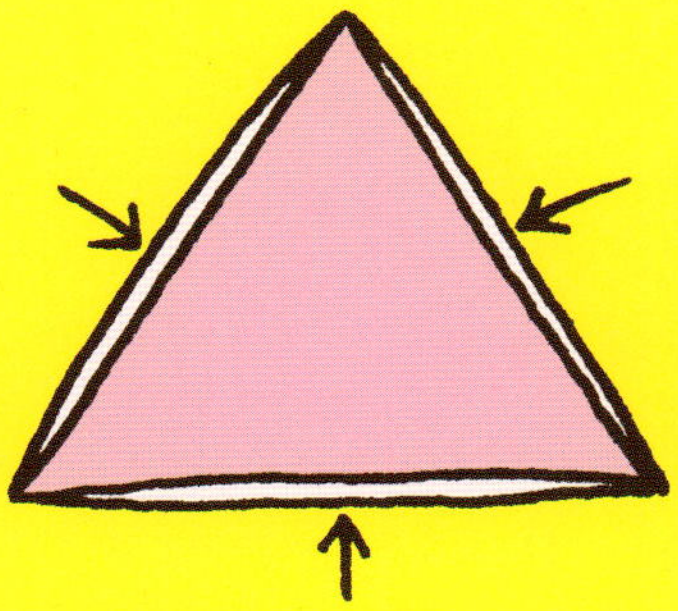

正三角形《せいさんかっけい》の板《いた》には、3辺《べん》につぎてをいれるポケットがある。

テトラパックをつくろう！

①正三角形《せいさんかっけい》の板《いた》を4枚《まい》ならべてつぎてでつなぐ。つぎては6枚《まい》（○じるし）。

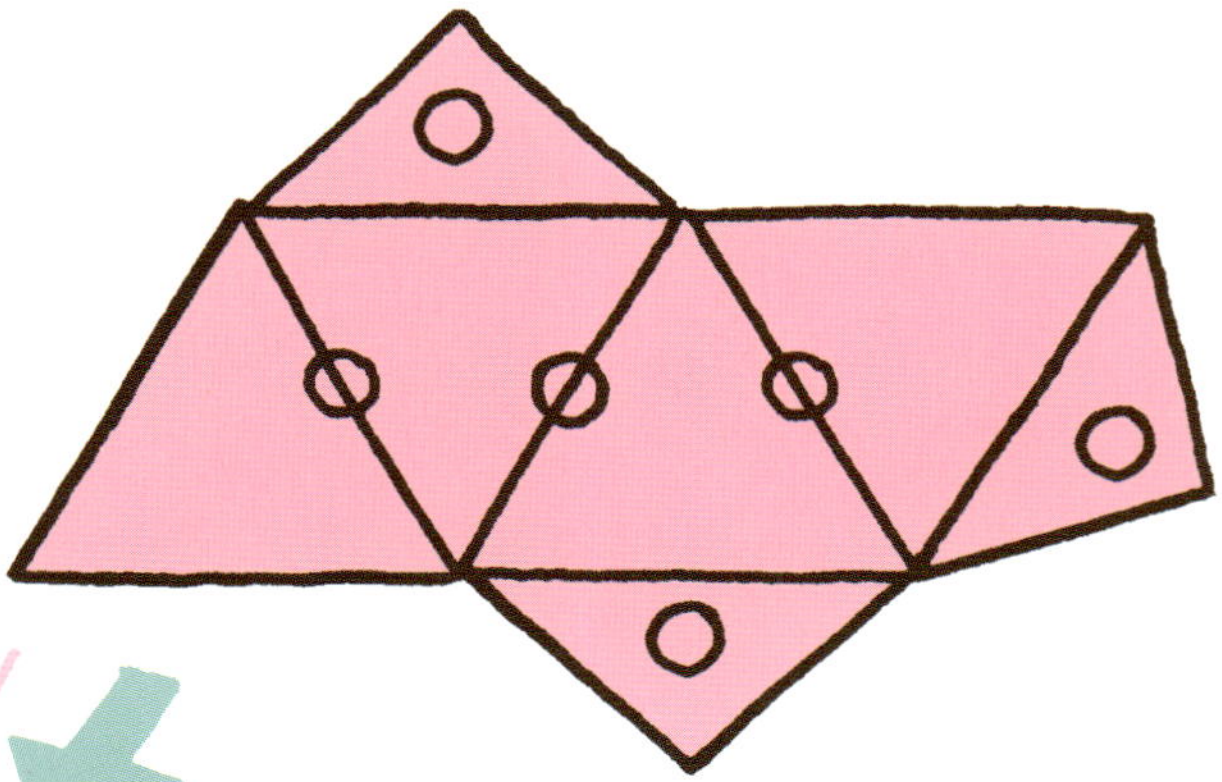

②くみたてるとテトラパックのかたち（正四面体《せいよんめんたい》）。

③こんどは正三角形《せいさんかっけい》の板《いた》を8枚《まい》ならべて、つぎてでつなぐ。つぎては12枚《まい》（○じるし）。

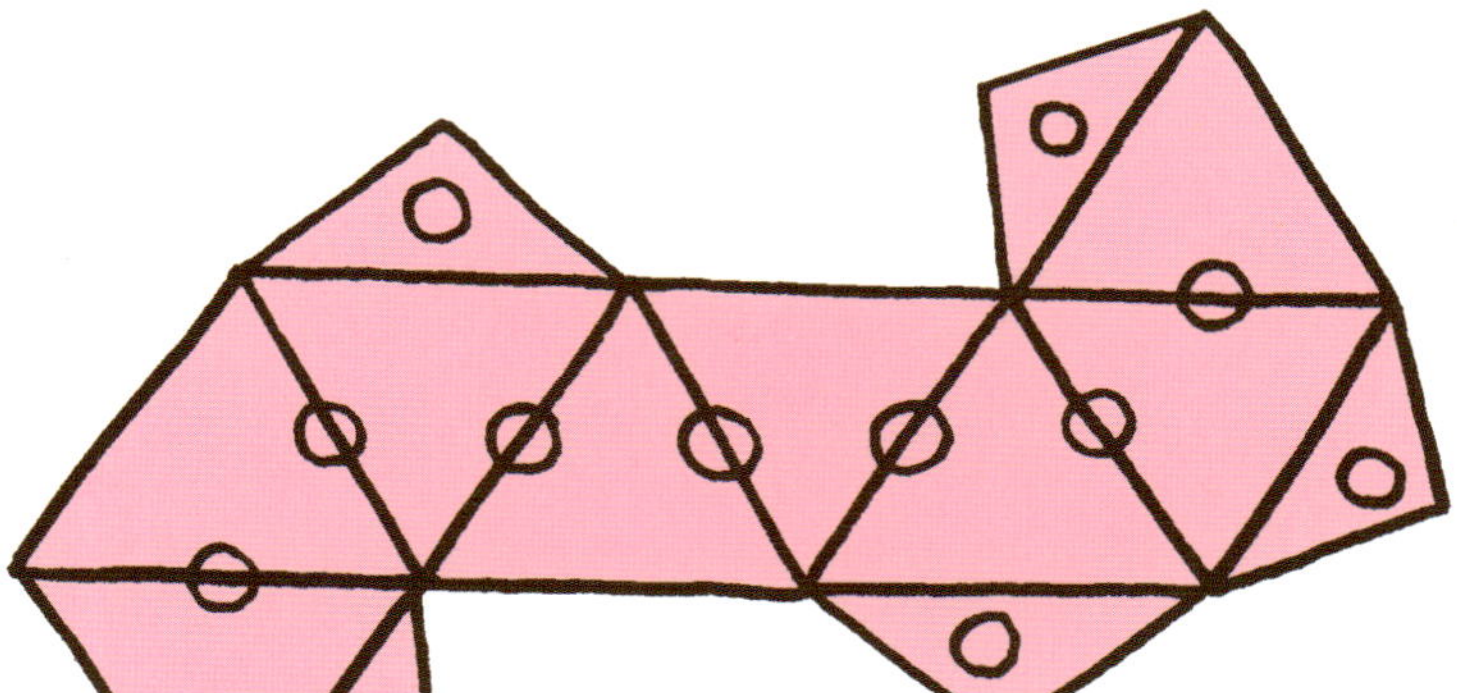

④くみたてると正八面体《せいはちめんたい》。

⑤正四面体《せいよんめんたい》を4つつくり、3つならべる。

⑥3つならべた正四面体《せいよんめんたい》のまんなかに正八面体《せいはちめんたい》をいれる。

⑦4つめの正四面体《せいよんめんたい》を上《うえ》にのせると、ひとまわり大《おお》きい正四面体《せいよんめんたい》テトラパックのかたちになる。

宝石《ほうせき》ドロボーをさがせ！

ワンくんがつくっていた「ドロ・ケイゲーム」が、ついに完成《かんせい》した。まっくらな草《くさ》むらににげこんだ宝石《ほうせき》ドロボーを警察《けいさつ》がおいつめるゲーム。さっそく、ゲームをはじめようと、ワンくんはカケルとエンちゃんにルールの説明《せつめい》をはじめた。

ゲームのルール

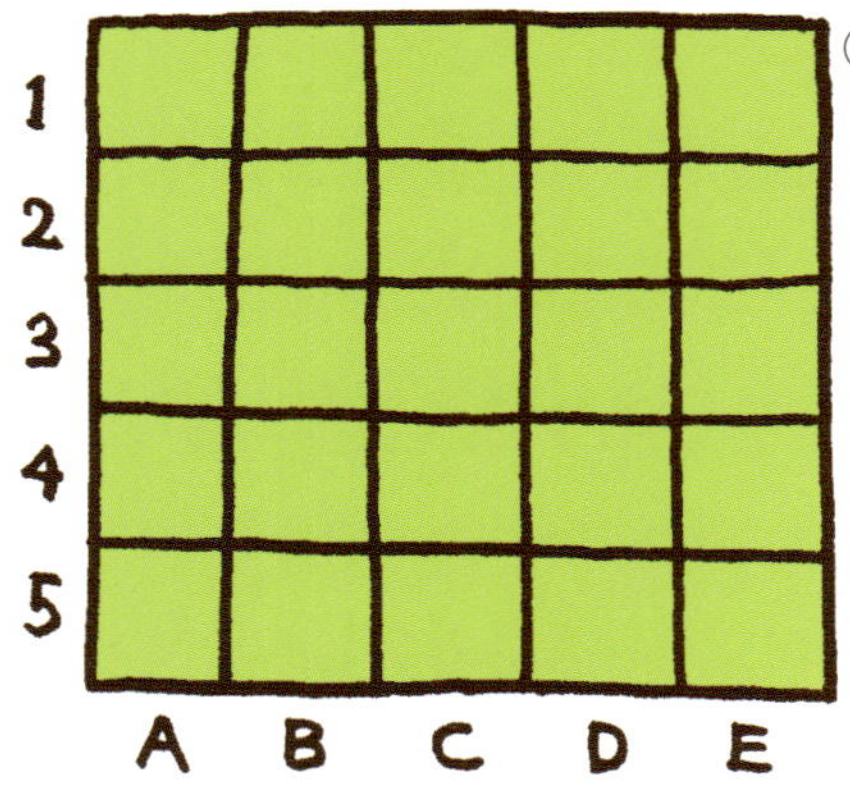

①警察《けいさつ》もドロボーも5×5のマス目《め》をかいたカードをもつ。このマス目《め》がドロボーがにげこんだまっくらな草《くさ》むらのつもり。おたがいに相手《あいて》には見《み》せない。

ドロボーは、どれかのマス目にかくれる。

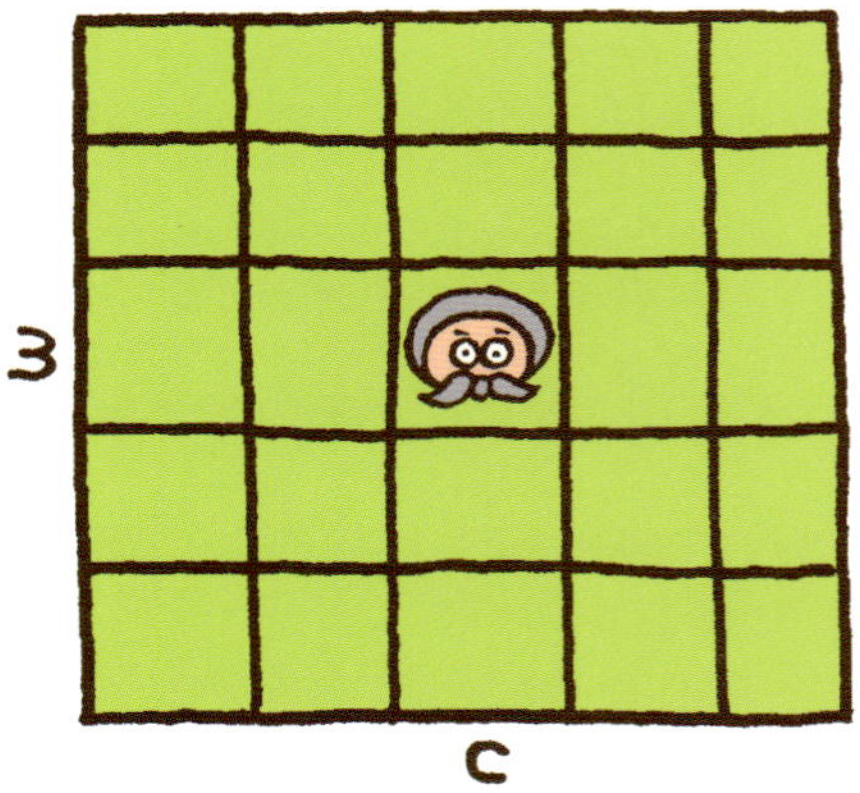

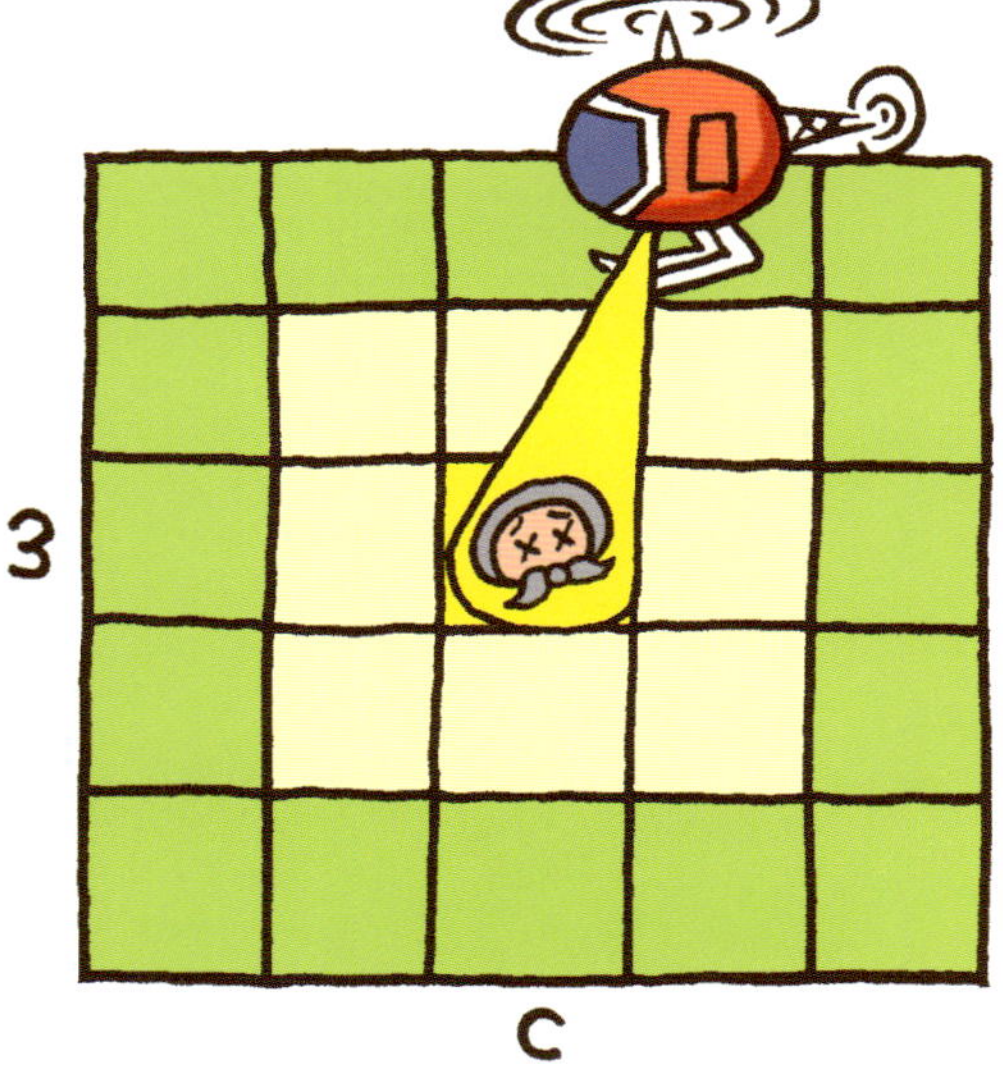

②警察《けいさつ》は、上《うえ》からヘリコプターでどれかのマス目《め》をねらっててらす。そこにドロボーがかくれていたら逮捕《たいほ》されておしまい。

③ヘリコプターからの照明《しょうめい》は、ねらったマス目《め》を中心《ちゅうしん》に3×3の範囲《はんい》に光《ひかり》がとどく。

④ドロボーが光《ひかり》がとどかないところにかくれていたときは、ドロボーは「だいじょうぶ、見《み》つからない」とそのままそこにかくれていても、「しめた、にげろ」とはやにげしても、どちらでもいい。

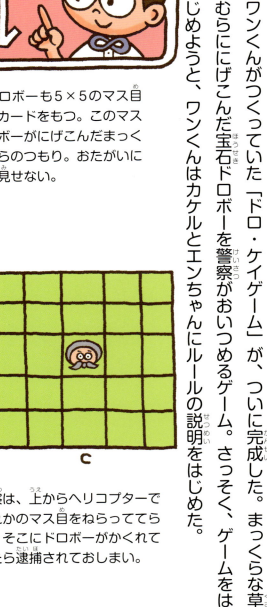

⑤ドロボーは、かくれているところに光《ひかり》があたったら、かならずにげなくてはいけない。「うわ〜っ、見《み》つかる」などといってにげだす。

⑥どちらの場合《ばあい》にも、ドロボーはかくれていたところを中心《ちゅうしん》に3×3の範囲《はんい》の照明《しょうめい》があたっていないところにしかにげこめない（左《ひだり》の図《ず》では○じるしのところ）。

⑦警察《けいさつ》は、どこでも、またおなじマス目《め》を何度《なんど》でも、てらすことができる。

⑧つかまえそこねた警察《けいさつ》のヘリコプターは、べつのマス目《め》をてらしてドロボーをおいかけ、ドロボーはにげる。

⑨ドロボーは、にげることができるマス目《め》がなくなって動《うご》けなくなってしまうことがある。このときは「しまった、見《み》つからないようにじっとかくれていよう」などといって、おなじ場所《ばしょ》にいなくてはならない。
ただし、ドロボーは「にげられるのににげないでおなじところにいる（④の場合《ばあい》）」のか、それとも「にげ場《ば》がなくなって動《うご》けなくなったからおなじところにいる（⑧の場合《ばあい》）」のかがわかるようなセリフをいわなくてはならない。

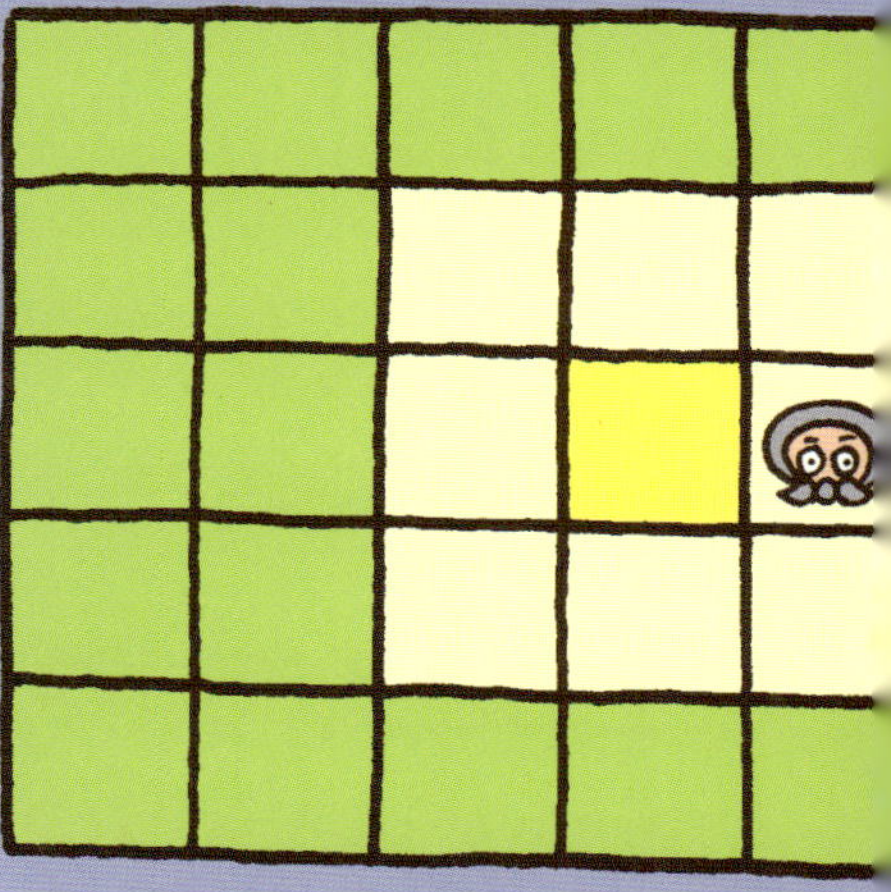

⑩警察《けいさつ》が7回《かい》てらしてもつかまえられなかったら、ドロボーのにげきり勝《が》ち。

「それじゃ、かくれるよ」と、カケルは〈B4〉にかくれた。

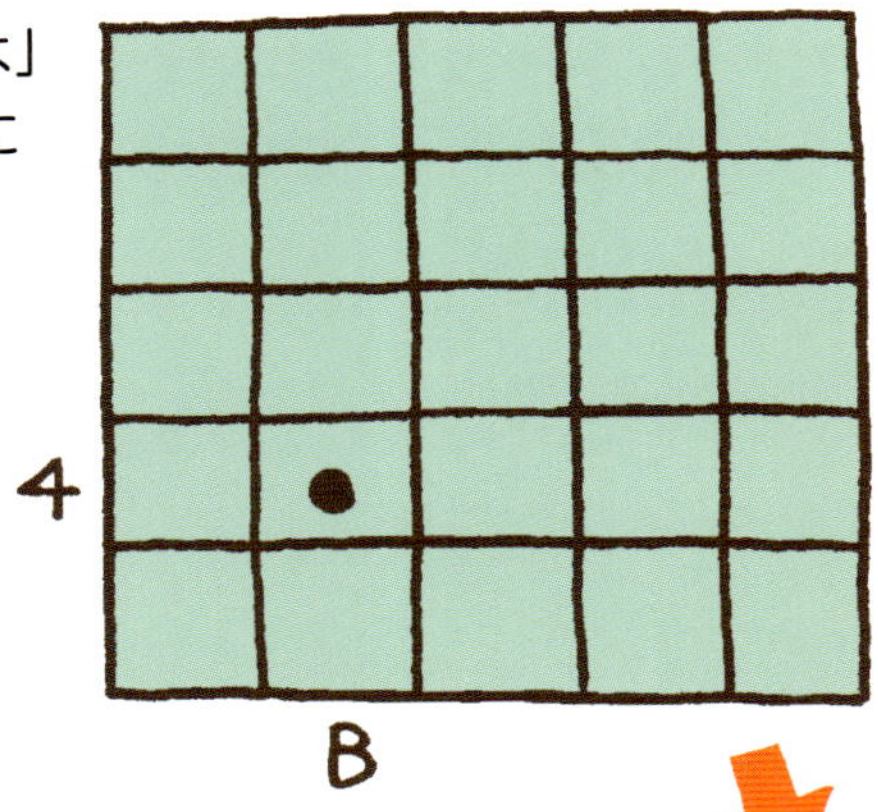

「いくわよ。ピカーッ！」と、エンちゃんは〈C3〉をてらす。

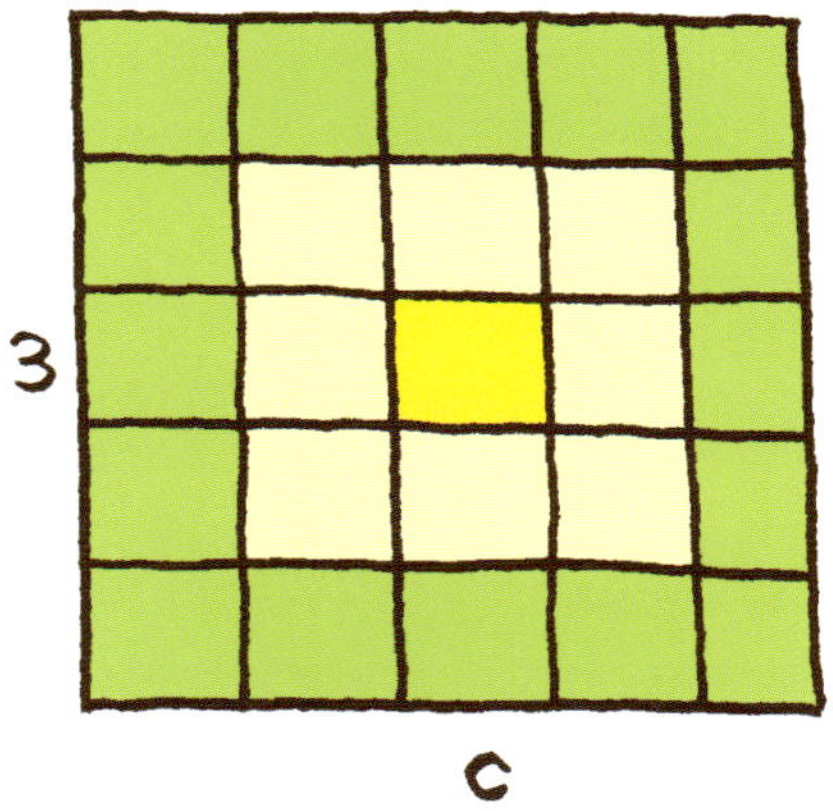

「おっと、あぶない」と、カケルは〈A3〉へにげる。

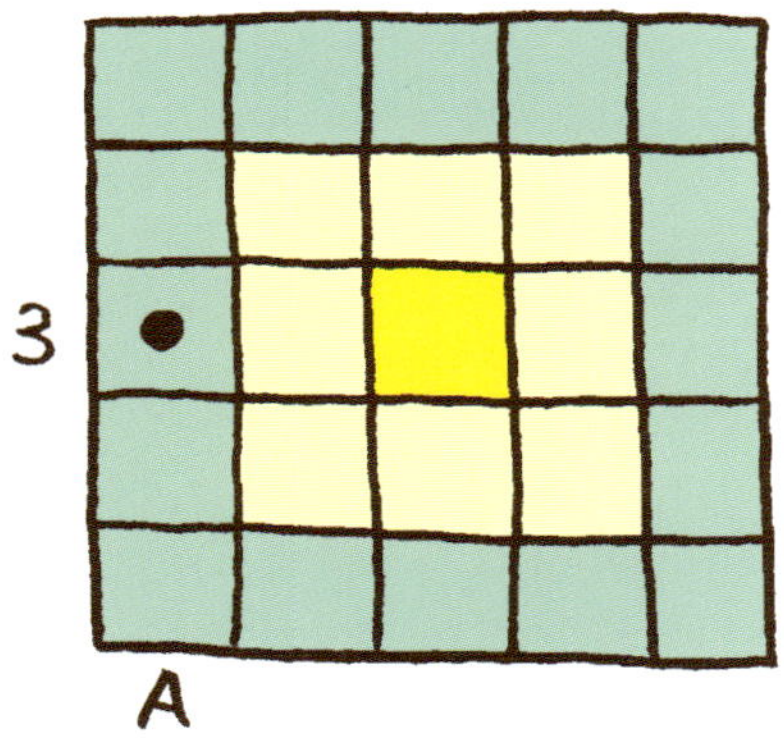

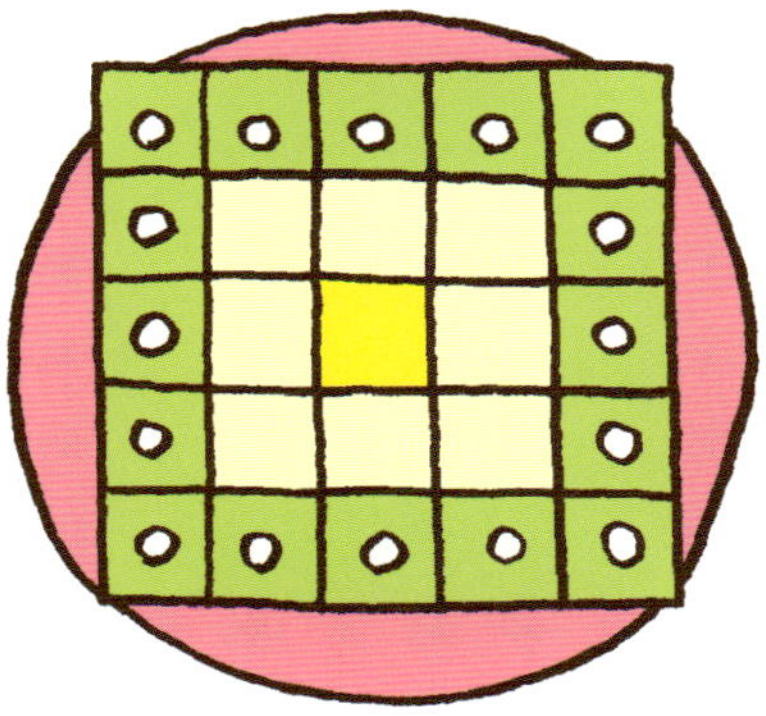

「にげたということは光《ひかり》があたったんだから、いまはそとまわりのどこかにいるはずね」

「それじゃ、〈D4〉をピカーッ！」

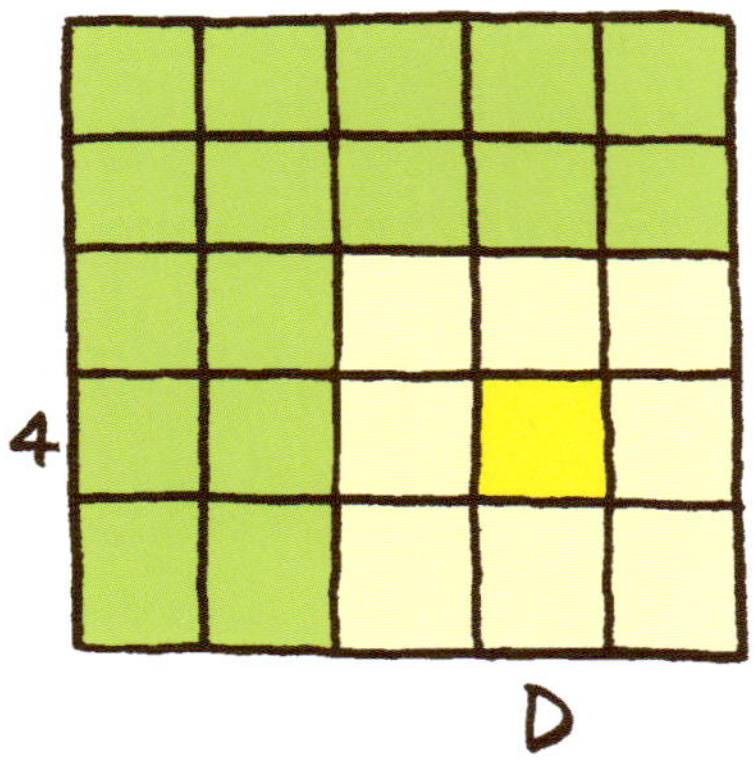

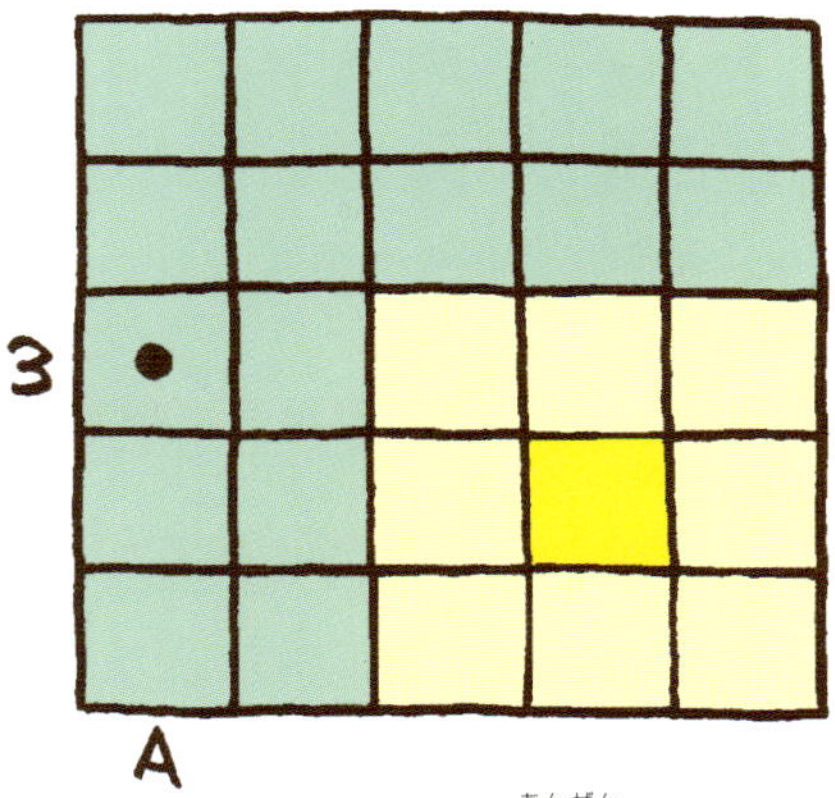

「ウフフ、ここなら安全《あんぜん》。じっとしていよう」とカケル。

「光《ひかり》があたらなかったのか。ということは、このへんにいるんだわ」

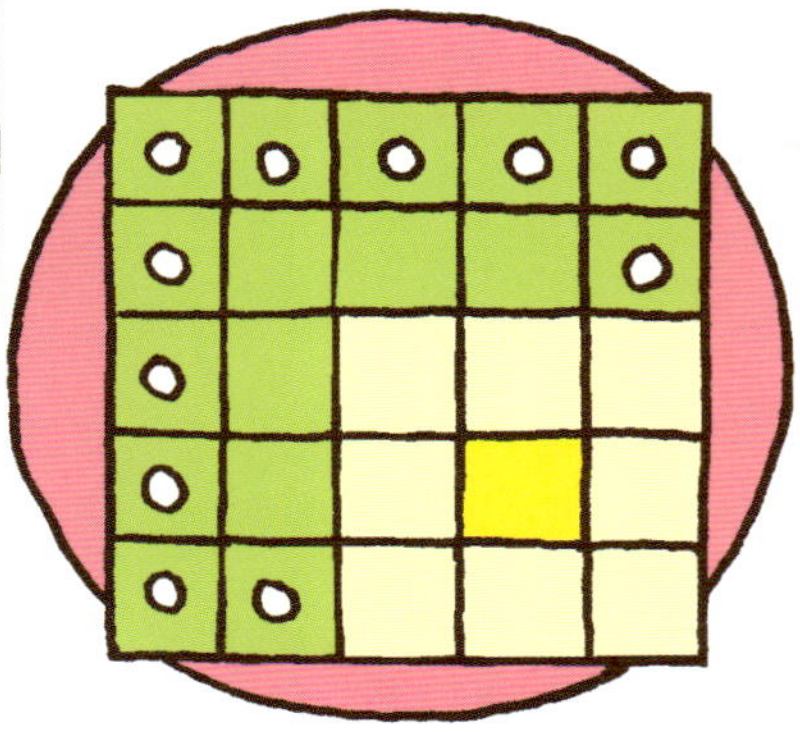

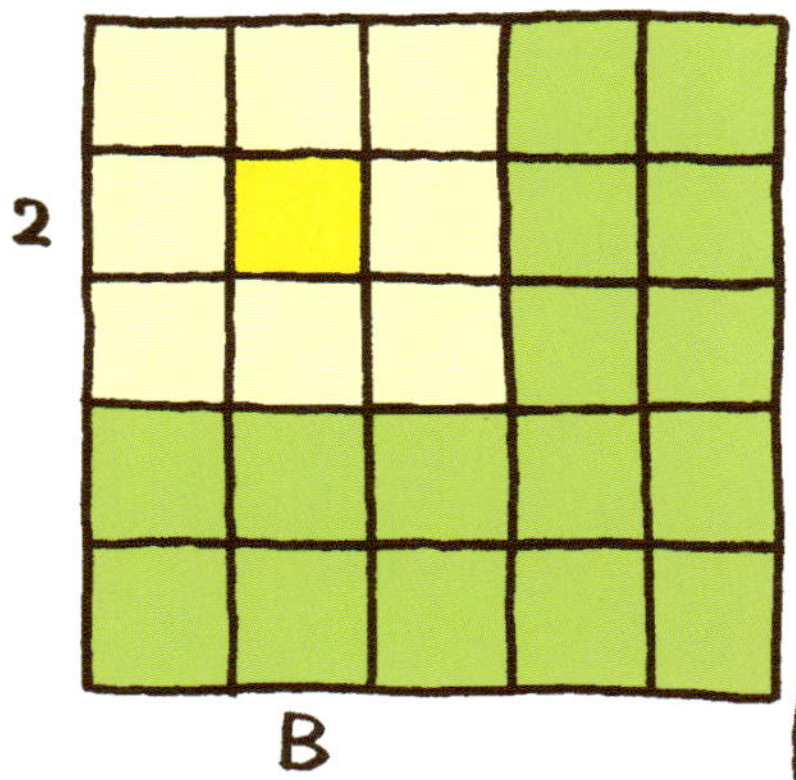

「それなら〈B2〉をピカーッ！」

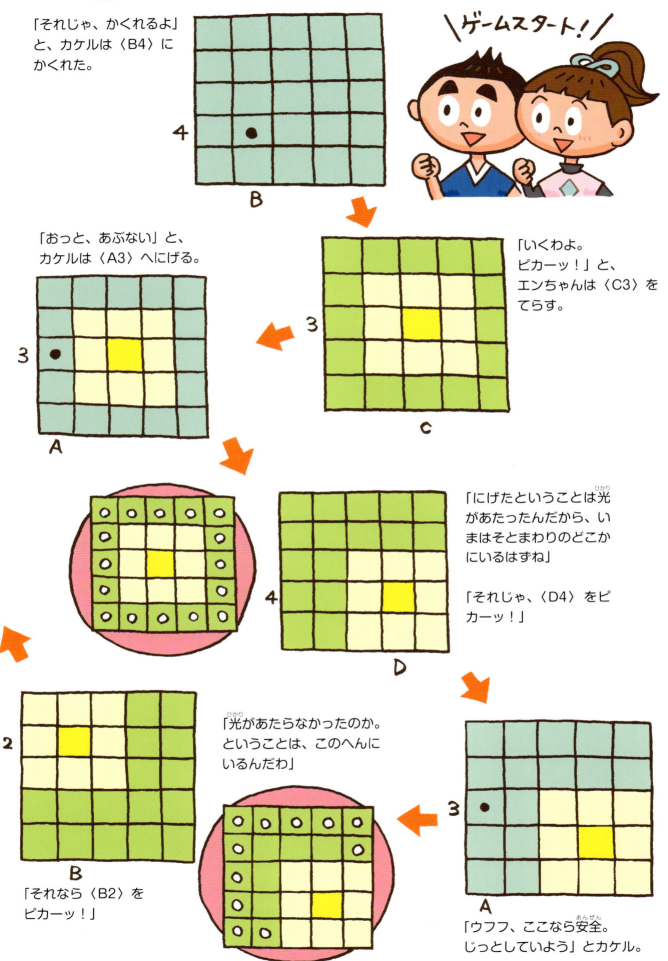

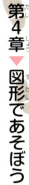

「おっと、にげなくちゃ」とカ
は〈A4〉へにげる。

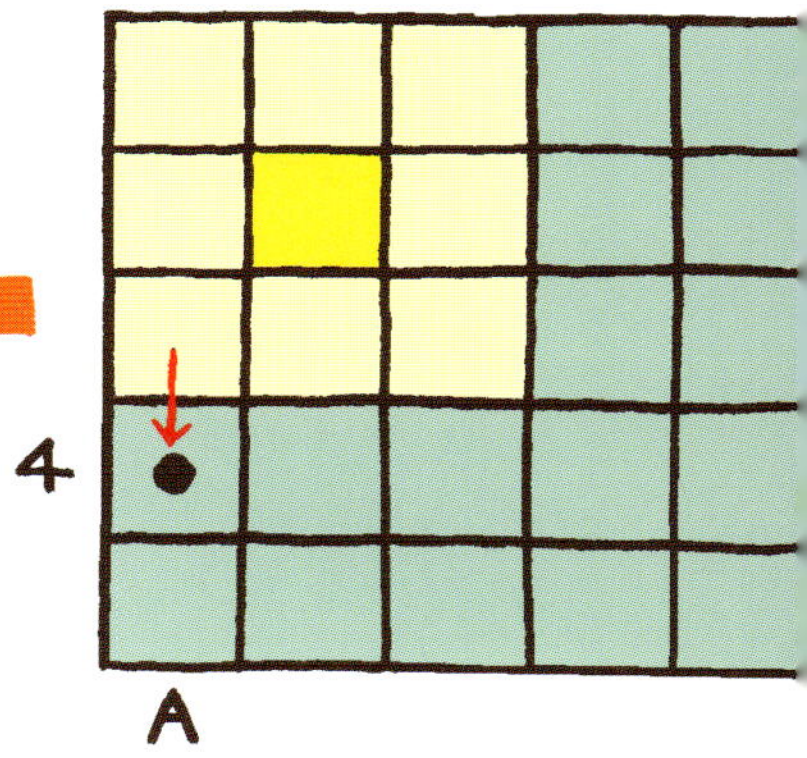

「ということは、×のところいたはずだから、
いまはこの○のどっちかにいるんだな」

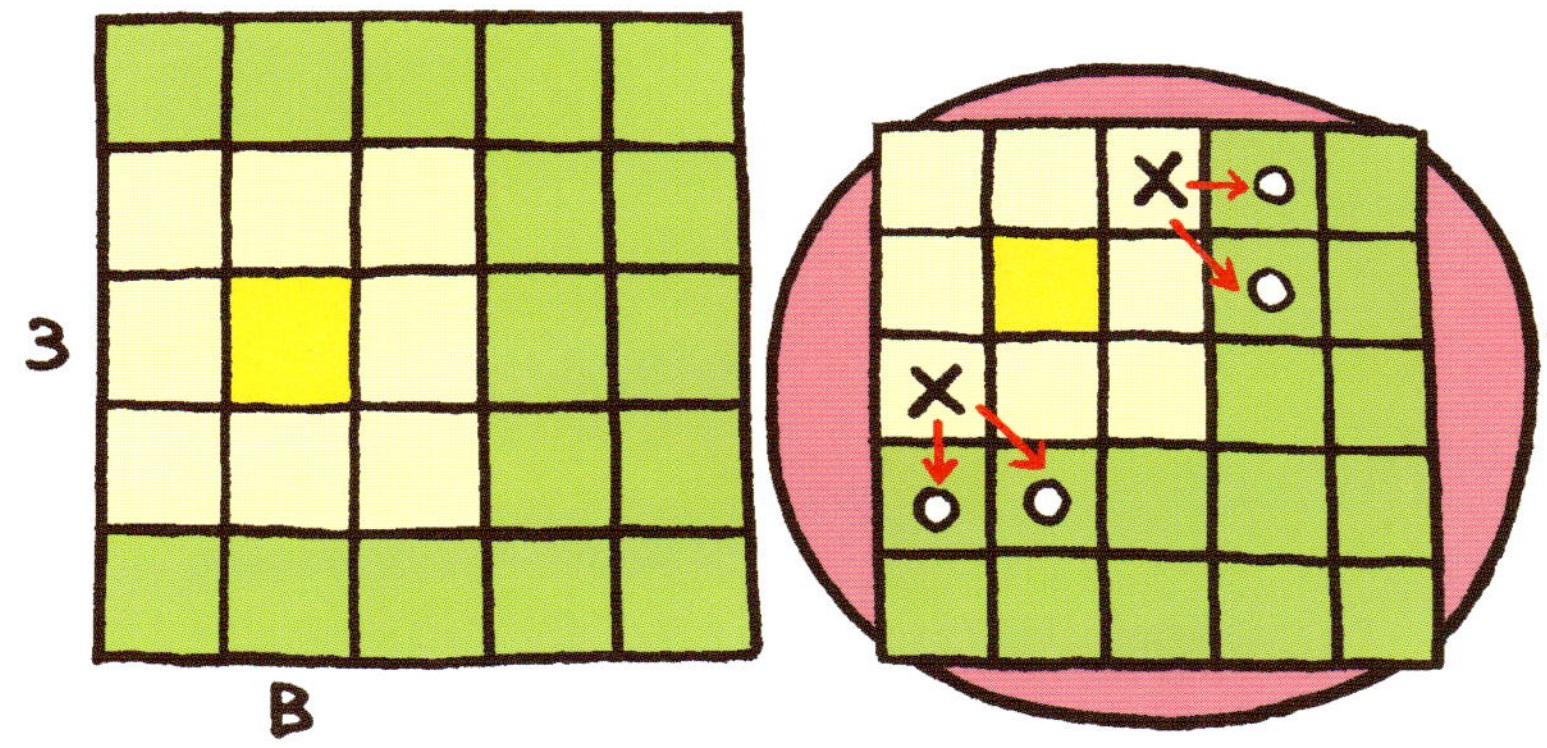

「よし、〈B3〉をてらせ。ピカーッ！」

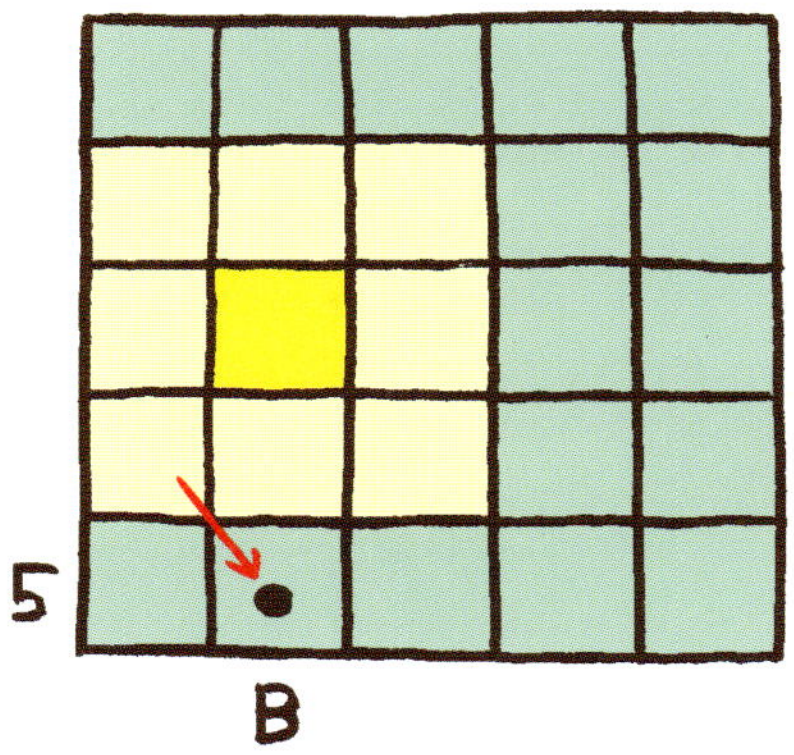

「にげなくちゃ」すみっこのかど
におしこめられたらまずいから
〈B5〉へいく。

「〈B3〉をねらった光《ひかり》があたったんだから、×のところ
にいたはずね。そうすると、にげ場《ば》は●だけね。もうに
がさないわよ！これでどうだ」と〈B4〉をピカーッ！

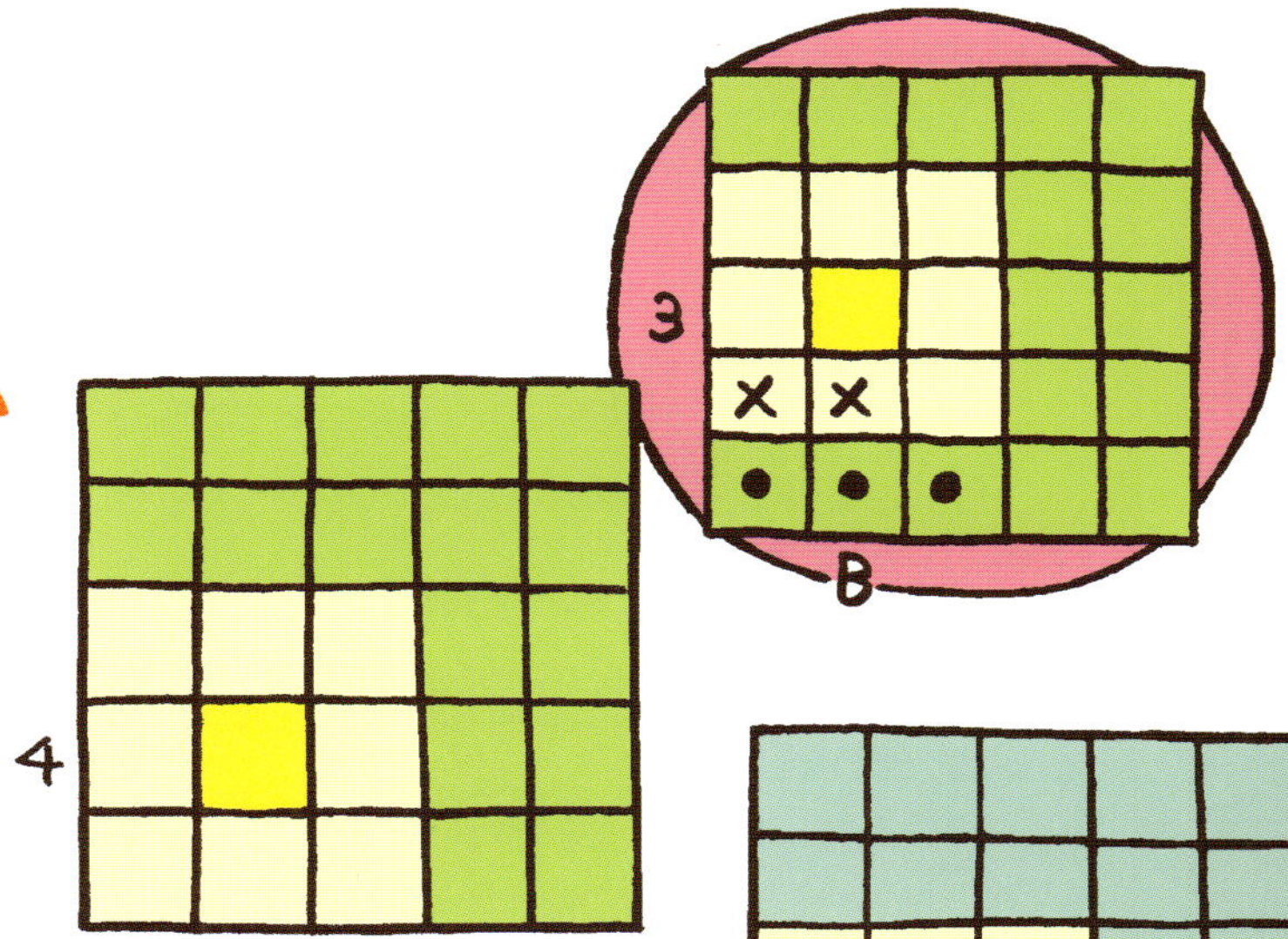

「おいつめられちゃった
な。にげ場《ば》がないから、
じっとしてなくちゃ」

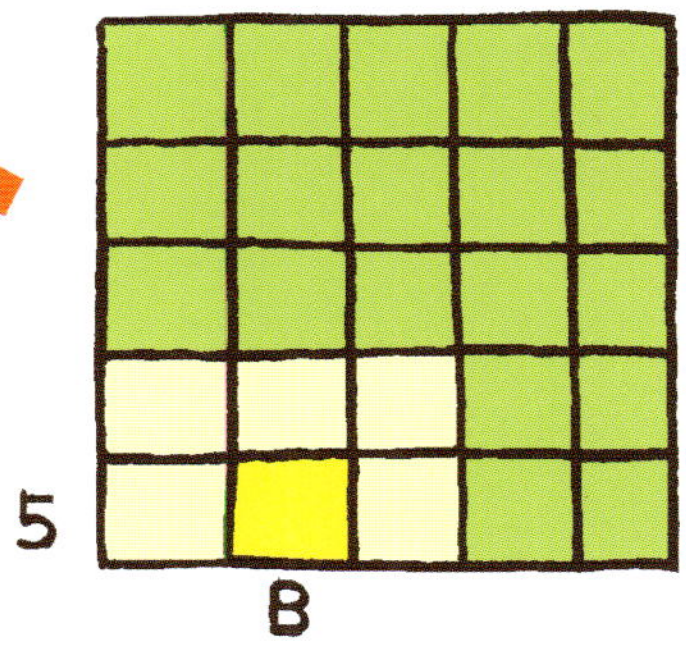

「よし、〈B5〉をてらせ！」

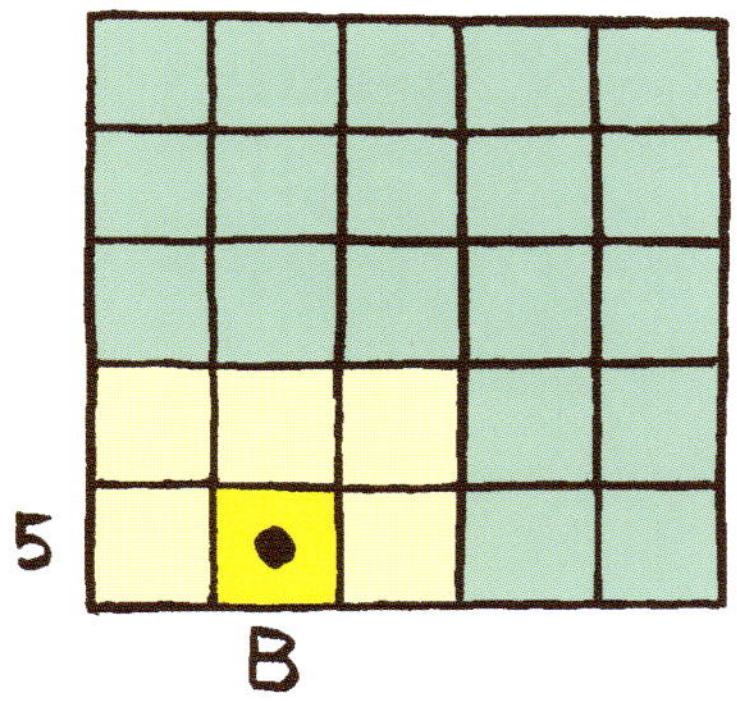

「うわ〜っ、つかまった！」

最後《さいご》のところで、エンちゃんが〈B5〉ではなく〈A5〉を
てらしたとすると、カケルはまだ〈C5〉ににげられるから、
にげきれるかもしれないね。

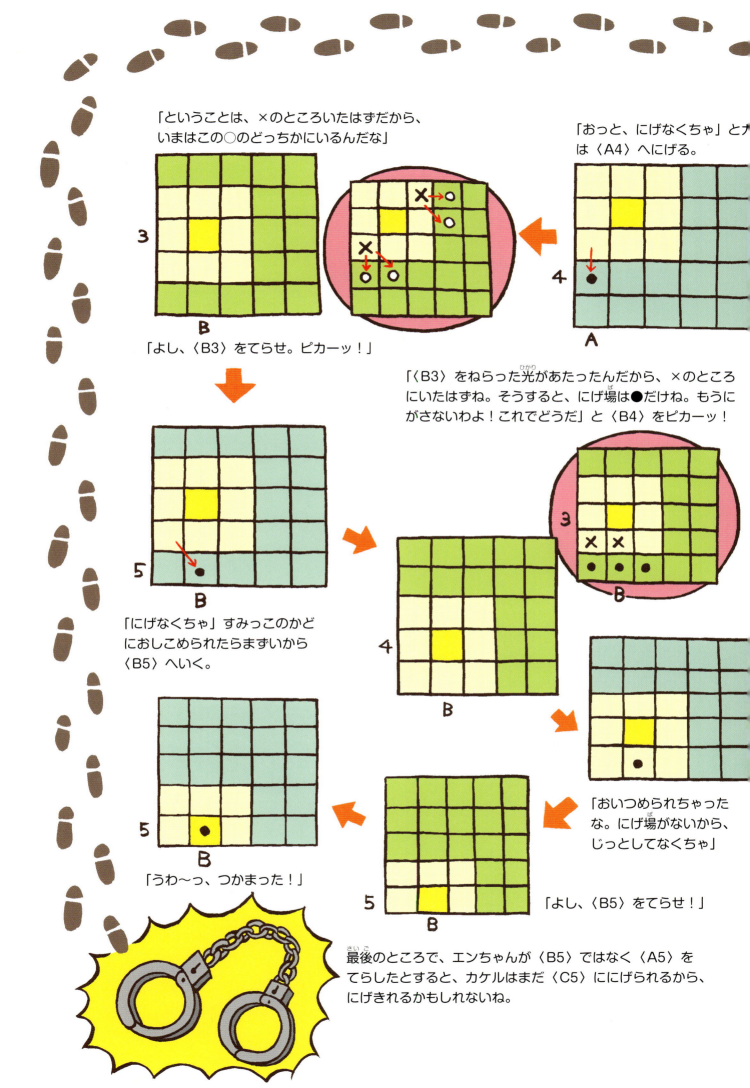

数学《すうがく》を体験《たいけん》する施設《しせつ》

RiSuPia《リスーピア》（東京都江東区《とうきょうとこうとうく》）

自然《しぜん》やくらしのなかで感《かん》じる数学《すうがく》と理科《りか》のふしぎを、実験《じっけん》を楽《たの》しみながら考《かんが》えることができます。自分《じぶん》ではかったりくらべたりうごかしたりして、「どうしてそうなるのかな?」と考《かんが》えてみましょう。こたえもすぐにたしかめられます。コンピュータゲームのような感覚《かんかく》で数学《すうがく》の世界《せかい》を楽《たの》しめます。

マジカルパフォーマンスシアター

（写真提供《しゃしんていきょう》：パナソニックセンター東京《とうきょう》）

住所《じゅうしょ》　〒135-0063　東京《とうきょう》都《と》江東《こうとう》区《く》有明《ありあけ》3丁《ちょう》目《め》5番《ばん》1号《ごう》

Tel　03（3599）2600

HP　http://panasonic.com/jp/center/tokyo/risupia

※画面《がめん》にはピタゴラスやニュートンたちも登場《とうじょう》し、「なぜそう考《かんが》えたか？」「そこからどんな法則《ほうそく》をみちびきだしたか？」もわかりやすく説明《せつめい》する。3D《スリーディー》映像《えいぞう》のシアターや大《おお》きなタングラムなどあそび心《こころ》もいっぱい。

日立《ひたち》シビックセンター　科学館《かがくかん》（茨城県日立市《いばらきけんひたちし》）

いろいろな模型《もけい》や展示品《てんじひん》を、じっさいにさわって、ならべて、考《かんが》えることができます。数学《すうがく》のギャラリーでは、2進法《しんほう》や一筆《ひとふで》がきのかきかた、ピタゴラスの定理《ていり》など、むずかしいことをわかりやすく図《ず》や模型《もけい》で見《み》せてくれます。錯覚《さっかく》をつかったあそび、ふしぎな鏡《かがみ》、黒《くろ》と白《しろ》2色《しょく》のコマまわしなど楽《たの》しい実験《じっけん》がいっぱいです。

あそびながら数学《すうがく》を学《まな》べる「数学《すうがく》のギャラリー」

（写真提供《しゃしんていきょう》：日立《ひたち》シビックセンター　科学館《かがくかん》）

住所《じゅうしょ》　〒317-0073　茨城県《いばらきけん》日立市《ひたちし》幸町《さいわいちょう》1-21-1

Tel　0294（24）7731

HP　http://www.civic.jp/science/

※公益財団法人《こうえきざいだんほうじん》　日立市民科学文化財団《ひたちしみんかがくぶんかざいだん》が経営《けいえい》する施設《しせつ》。おなじ建物《たてもの》のなかにプラネタリウムや図書館《としょかん》、音楽《おんがく》ホールなどがあって、こどもからおとなまで科学《かがく》のおもしろさを体《たい》験《けん》できる。

一関市博物館《いちのせきしはくぶつかん》（岩手県一関市《いわてけんいちのせきし》）

江戸時代《えどじだい》の日本《にほん》は鎖国《さこく》をしていたので、数学《すうがく》は日本独自《にほんどくじ》で発展《はってん》しました。漢字《かんじ》と仮名《かな》をつかってたてがきでかく『和算《わさん》』といいます。すぐれた問題《もんだい》をつくったり、それをといたりして神社《じんじゃ》に奉《ほう》納《のう》した『算額《さんがく》』は日本各地《にほんかくち》にのこっていますが、一関市《いちのせきし》には67枚《まい》と日本《にほん》じゅうでいちばん多《おお》くのこっています。

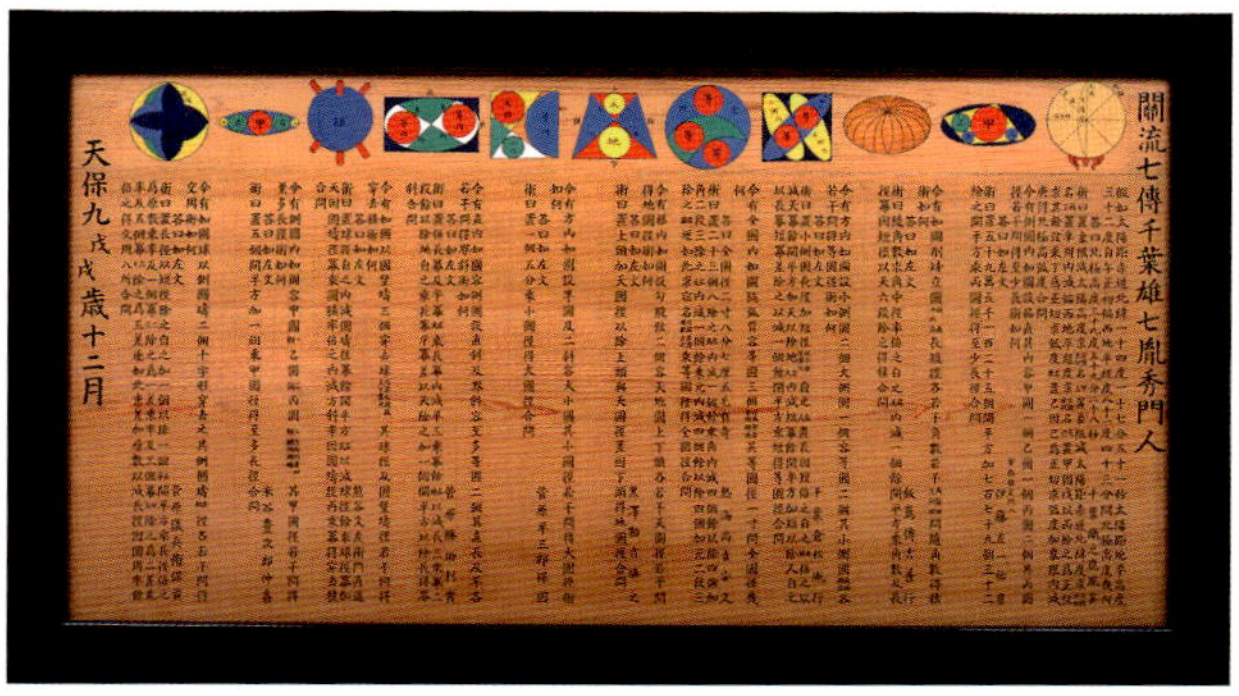

八幡神社算額《はちまんじんじゃさんがく》（復元《ふくげん》）

（写真提供《しゃしんていきょう》：一関市博物館《いちのせきしはくぶつかん》）

住所《じゅうしょ》　〒021-0101　岩手県一関市厳美町字沖野々《いわてけんいちのせきしげんびちょうあざおきのの》215番地《ばんち》1
Tel　0191（29）3180
HP　http://www.museum.city.ichinoseki.iwate.jp/

※鶴亀算《つるかめざん》・ねずみ算《ざん》・旅人算《たびびとざん》などのことばは和算《わさん》からきている。和算《わさん》は江戸時代《えどじだい》にめざましい発達《はったつ》をして、円周率《えんしゅうりつ》のもとめかたなども考《かんが》えられている。一関《いちのせき》は和算家《わさんか》の千葉胤秀《ちばたねひで》の出生地《しゅっせいち》で、多《おお》くの門人《もんじん》がいて和算《わさん》がさかえ、明治以降《めいじいこう》も和算《わさん》がさかん。

日本折紙博物館《にほんおりがみはくぶつかん》（石川県加賀市《いしかわけんかがし》）

正方形《せいほうけい》の折紙《おりがみ》を半分《はんぶん》におると長方形《ちょうほうけい》ができます。もう1回《かい》おると正方形《せいほうけい》で、面積《めんせき》は最初《さいしょ》の4分《ぶん》の1。ななめに半分《はんぶん》におると……。折紙《おりがみ》は、算数《さんすう》の考《かんが》えかたでつくれます。館内《かんない》には折紙《おりがみ》でつくったきょうりゅうランドや日本《にほん》の四季《しき》の花々《はなばな》の折紙庭園《おりがみていえん》があり、加賀《かが》百万石《ひゃくまんごく》の大名行列《だいみょうぎょうれつ》も全部《ぜんぶ》折紙《おりがみ》でできていてみごとです。

色《いろ》あざやかな折紙《おりがみ》の世界《せかい》がひろがる

（写真提供《しゃしんていきょう》：日本折紙博物館《にほんおりがみはくぶつかん》）

住所《じゅうしょ》　〒922-0241　石川県加賀市加茂町《いしかわけんかがしかもまち》八90番地《ばんち》の1
Tel　0761（77）2500
HP　http://www.kagahan.co.jp/

※1枚《まい》の紙《かみ》からさまざまなかたちをうみだす折紙《おりがみ》は、芸術《げいじゅつ》であると同時《どうじ》に数学《すうがく》でもある。約《やく》5000種《しゅ》10万点《まんてん》の折紙作《おりがみさく》品《ひん》のある世界最大《せかいさいだい》の折紙《おりがみ》ミュージアム。世界《せかい》の折紙《おりがみ》や折紙《おりがみ》の歴史《れきし》なども展示《てんじ》。折紙教室《おりがみきょうしつ》も開催《かいさい》している。

【いってみよう】

時空間《じくうかん》をはかる

明石市立天文科学館《あかししりつてんもんかがくかん》（兵庫県明石市《ひょうごけんあかしし》）

明石市《あかしし》には、「日本標準時《にほんひょうじゅんじ》の基準《きじゅん》となる東経《とうけい》135度《ど》子午線《しごせん》」が通《とお》っています。その子午線上《しごせんじょう》にたてられた天文科学館《てんもんかがくかん》で、宇宙《うちゅう》だけでなく「時《とき》」の展示《てんじ》をしています。明石《あかし》がなぜ「子午線《しごせん》のまち」とよばれるのか、暦《こよみ》や時計《とけい》の歴史《れきし》を知《し》ることもできます。

時計塔《とけいとう》そのものが子午線標識《しごせんひょうしき》となっている

（写真提供《しゃしんていきょう》：明石市立天文科学館《あかししりつてんもんかがくかん》）

住所《じゅうしょ》　〒673-0877　兵庫県明石市人丸町《ひょうごけんあかししひとまるちょう》2-6

Tel　078（919）5000

HP　http://www.am12.jp/

※プラネタリウム投影機《とうえいき》は、稼働時間《かどうじかん》が日本最長《にほんさいちょう》のドイツ製《せい》大型《おおがた》のもの。季節《きせつ》の星空《ほしぞら》や話題《わだい》にあわせた解説員《かいせついん》による肉声《にくせい》での解説《かいせつ》もたいへん好評《こうひょう》です。キッズプラネタリウムやこども天文教室《てんもんきょうしつ》も開催《かいさい》。

INAX《イナックス》ライブミュージアム 世界《せかい》のタイル博物館《はくぶつかん》（愛知県常滑市《あいちけんとこなめし》）

世界《せかい》の装飾《そうしょく》タイルを集《あつ》めた博物館《はくぶつかん》です。メソポタミアやエジプトの古《ふる》いタイルから現代《げんだい》まで、せかいじゅうのタイルを展示《てんじ》しています。ピラミッドやイスラームの寺院《じいん》のタイルのかべを再現《さいげん》したうつくしいコーナーもあります。

モザイクタイルで幾何学《きかがく》もようを表現《ひょうげん》した天井《てんじょう》

（写真提供《しゃしんていきょう》：LIXIL《リクシル》）

住所《じゅうしょ》　〒479-8586　愛知県常滑市奥栄町《あいちけんとこなめしおくえいちょう》1丁目《ちょうめ》130

Tel　0569（34）8282

HP　http://www1.lixil.co.jp/museum/

※関連施設《かんれんしせつ》の陶楽工房《とうがくこうぼう》では、モザイクタイルをならべる作品《さくひん》づくりや、タイルの絵《え》つけが楽《たの》しめます。土《つち》・どろんこ館《かん》では、ひかるどろだんごづくりやパステルづくりなど土《つち》に親《した》しむイベントもあります。

養老天命反転地《ようろうてんめいはんてんち》（岐阜県養老郡《ぎふけんようろうぐん》）

たくさんの丘《おか》とくぼみ、148ものまがりくねった道《みち》。バランスをとりながら、ゆっくり歩《ある》きましょう。通路《つうろ》だった床《ゆか》がいつのまにか壁《かべ》になったりと気《き》がぬけません。家《いえ》のなかにはいると、天井《てんじょう》が下《した》にあったり、横《よこ》にあったり、なんだか頭《あたま》のなかがへんになりそうです。体全体《からだぜんたい》で錯覚《さっかく》を体験《たいけん》できる空間《くうかん》です。

養老天命反転地全景《ようろうてんめいはんてんちぜんけい》

（写真提供《しゃしんていきょう》：養老公園事務所《ようろうこうえんじむしょ》）

住所《じゅうしょ》　〒503-1267　岐阜県養老郡養老町高林《ぎふけんようろうぐんようろうちょうたかばやし》1298-2
Tel　0584（32）0501
HP　http://www.yoro-park.com/

※岐阜県《ぎふけん》の養老山麓《ようろうさんろく》に位置《いち》する養老公園《ようろうこうえん》は、ゆたかな自然《しぜん》あふれる広大《こうだい》な都市公園《としこうえん》。園内《えんない》にある「養老天命反転地《ようろうてんめいはんてんち》」は世界的《せかいてき》な芸術家《げいじゅつか》、荒川修作《あらかわしゅうさく》とマドリン・ギンズが手《て》がけたアートプロジェクト。平衡感覚《へいこうかんかく》や遠近感《えんきんかん》にゆさぶりをかける構造《こうぞう》の芸術庭園《げいじゅつていえん》である。

愛媛県総合科学博物館《えひめけんそうごうかがくはくぶつかん》（愛媛県新居浜市《えひめけんにいはまし》）

壁《かべ》にそって歩《ある》いていくと、背《せ》がのびちぢみして見《み》える「エイムズの部屋《へや》」。ふつうの鏡《かがみ》に見《み》えるのに、強《つよ》い光《ひかり》をあてると、反射《はんしゃ》した光《ひかり》のなかに絵《え》がうかびあがる「魔鏡《まきょう》」。四角《しかく》い箱《はこ》を穴《あな》からのぞくと、なかに宇宙《うちゅう》のようなうつくしい空間《くうかん》が……。ふしぎな現象《げんしょう》を、その理由《りゆう》とともに楽《たの》しむことができる博物館《はくぶつかん》です。

科学技術館《かがくぎじゅつかん》の「ふしぎアベニュー」

（写真提供《しゃしんていきょう》：愛媛県総合科学博物館《えひめけんそうごうかがくはくぶつかん》）

住所《じゅうしょ》　〒792-0060　愛媛県新居浜市大生院《えひめけんにいはましおおじょういん》2133-2
Tel　0897（40）4100
HP　https://www.i-kahaku.jp/

※愛媛県総合科学博物館《えひめけんそうごうかがくはくぶつかん》は、自然館《しぜんかん》、科学技術館《かがくぎじゅつかん》、産業館《さんぎょうかん》の3つの展示室《てんじしつ》から構成《こうせい》されている。科学技術館内《かがくぎじゅつかんない》では、「ふしぎアベニュー」「ふしぎ展覧会《てんらんかい》」という錯視《さくし》や錯覚《さっかく》をテーマにした常設展示《じょうせつてんじ》をおこなっている。

【読《よ》んでみよう】

数《かず》やかたちのことをもっと知《し》りたい人《ひと》のための読書《どくしょ》ガイドです。おもしろい数《かず》のかぞえかた、数《かず》をつかった知恵《ちえ》くらべやわらい話《ばなし》もありますす。だれでもかんたんにできる実験《じっけん》や目《め》の錯覚《さっかく》を楽《たの》しむ本《ほん》もあるので、自分《じぶん》でやってみることができます。時間《じかん》のすすみかたやはかりかたのしくみ、デジタルとアナログのちがいなど、ふだん疑問《ぎもん》に思《おも》っていることを知《し》ることもできます。15冊《さつ》のなかには、店《みせ》で買《か》えない本《ほん》もあります。まずは図書館《としょかん》でさがしてみてください。

はじめてであうすうがくの絵本《えほん》1

●著者 安野光雅　●絵 安野光雅　●福音館書店　●1982年

たくさんある■のなかに●がひとつ。●はなかまがいないので、なかまはずれです。たくさんのてんとうむしのなかに、もようのちがうてんとうむしが1匹《ぴき》いれば、それがなかまはずれです。では、あひる、きつね、にわとり、てんとうむし、けしの花《はな》のなかで、なかまはずれはどれでしょう。この本《ほん》には「なかまはずれ」のほかに、「ふしぎなのり」「じゅんばん」「せいくらべ」の3つ、すうがくのおはなしがはいっています。

すうじの絵本《えほん》

●著者 五味太郎　●絵 五味太郎　●岩崎書店　●1985年

もし高速道路《こうそくどうろ》のわきに「80」とかいてあったらどういうこと？　うんどうぐつのそこに「18」と印刷《いんさつ》してあったら、18ってなに？　かけっこをして、「1」とかいた旗《はた》のところにつれてこられたら、あなたはどうする？　2番《ばん》がボールをけった、6番《ばん》と8番《ばん》が守備《しゅび》にはいったってどういうこと？　本《ほん》のページの下《した》に「32」と印刷《いんさつ》してあるけど、これってなに？　みんな数字《すうじ》、でもそれぞれにちがった意味《いみ》があるのです。

むらの英雄《えいゆう》　エチオピアのむかしばなし

●著者 わたなべしげお　●絵 にしむらしげお　●瑞雲舎　●2013年

アディ・ニハァスという村《むら》の12人《にん》の男《おとこ》たちが、町《まち》へいきました。かえり道《みち》のことです。そのうちのひとりが、全員《ぜんいん》そろっているか気《き》になったので、人数《にんずう》をかぞえました。11人《にん》しかいません。ほかの人《ひと》がかぞえてもおなじでした。何回《なんかい》かぞえてもひとりたりないのです。道《みち》にまよって、ヒョウにやられたにちがいありません。男《おとこ》たちは、いなくなったなかまのことをなげきかなしみながら、むらへかえります。

ウラパン・オコサ　かずあそび

●著者 谷川晃一　●絵 谷川晃一　●童心社　●1999年

数字《すうじ》をつかわずに、数《かず》をかぞえます。1はウラパン、2はオコサとよぶことにします。絵《え》を見《み》てください。さるが1匹《ぴき》います。1とかぞえたいので、これはウラパンです。バナナが2本《ほん》あります。2はオコサでしたね。

ページをめくると、数《かず》がふえていきます。これをウラパンとオコサだけでいってみましょう。さきにオコサをかぞえるのがきまりです。たとえば3頭《とう》のしまうまは、ふたつとひとつにわけて、オコサ・ウラパンとかぞえます。

1《ひと》つぶのおこめ　さんすうのむかしばなし

●著者 デミ　●絵 デミ　●訳者 さくまゆみこ　●光村教育図書　●2009年

よくばりな王《おう》さまとかしこい娘《むすめ》ラーニの知恵《ちえ》くらべの話《はなし》です。王《おう》さまが褒美《ほうび》をくれるといったとき、ラーニは「今日《きょう》はお米《こめ》を1粒《つぶ》だけください。

そして30日《にち》のあいだ、まえの日《ひ》の倍《ばい》の数《かず》のお米《こめ》をください」といったのです。ラーニは2日《か》めに2粒《つぶ》、3日《か》めに4粒《つぶ》、4日《か》めに8粒《つぶ》のお米《こめ》をもらいました。9日《か》めには256粒《つぶ》、16日《にち》めには32768粒《つぶ》……24日《にち》めには8388608粒《つぶ》になり、かご8つにはいったお米《こめ》をシカ8頭《とう》がはこびました。さあ、30日《にち》めには?

コブタをかぞえて I《いち》からMM《にせん》

●著者 アーサー・ガイサート　●絵 アーサー・ガイサート　●訳者 久美沙織　●BL出版　●1999年

わたしたちがふだんつかっている数字《すうじ》は0から9までの10種類《しゅるい》でできていますが、ほかにローマ数字《すうじ》という別《べつ》の数字《すうじ》があります。こちらはI、V、X、L、C、D、Mの7種類《しゅるい》。「それで数《かず》があらわせるの?」と思《おも》ったら、この本《ほん》でコブタをかぞえてみて！　1匹《ぴき》ならI、2匹《ひき》ならII、3匹《びき》ならIII、4匹《ひき》ならIV、5匹《ひき》ならVとかきます。10はX、50はL、100はC、500はD、そして1000はMです。Mが1000ですから、本《ほん》の題名《だいめい》MMは2000です。

メリサンド姫《ひめ》　むてきの算数《さんすう》!

●著者 E・ネズビット　●絵 髙桑幸次　●訳者 灰島かり　●小峰書店　●2014年

メリサンド姫《ひめ》は、赤《あか》ちゃんのときから、妖精《ようせい》ののろいで、つるつるのはげ頭《あたま》でした。そこで王《おう》さまが、名《な》づけ親《おや》からもらった魔法《まほう》のこばこをつかって、髪《かみ》の毛《け》がはえるようにお願《ねが》いすることになりました。それはこんな願《ねが》いでした。1メートルの金色《きんいろ》のかみがはえて、毎日《まいにち》3センチずつのびるように。切《き》るたびに倍《ばい》のはやさでのびるように。願《ねが》いは本当《ほんとう》になりました。メリサンド姫《ひめ》の髪《かみ》は、切《き》ればきるほどどんどんのびて、ひと晩《ばん》で部屋《へや》をいっぱいにするほどでした。

王《おう》さまライオンのケーキ はんぶんのはんぶん ばいのばいのおはなし

●著者 マシュー・マケリゴット ●絵 マシュー・マケリゴット
●訳者 野口絵美 ●徳間書店 ●2010年

アリ、コガネムシ、カエル、インコ、イボイノシシ、カメ、ゴリラ、カバ、ゾウが、王《おう》さまライオンの食事会《しょくじかい》に招待《しょうたい》されました。デザートに大《おお》きなケーキがでて、王《おう》さまは「自分《じぶん》のぶんをとって、となりにまわすように」といいました。ゾウは半分《はんぶん》に切《き》って自分《じぶん》のぶんをとってから、のこりの半分《はんぶん》をカバにまわしました。カバも半分《はんぶん》に切《き》ってゴリラにまわしました。どの動物《どうぶつ》もおなじようにしたので、アリのところにきたときには、ケーキは小《ちい》さなかけらになっていました。

万華鏡《まんげきょう》

●著者 大熊進一 ●監修 日本万華鏡倶楽部 ●文溪堂 ●2003年

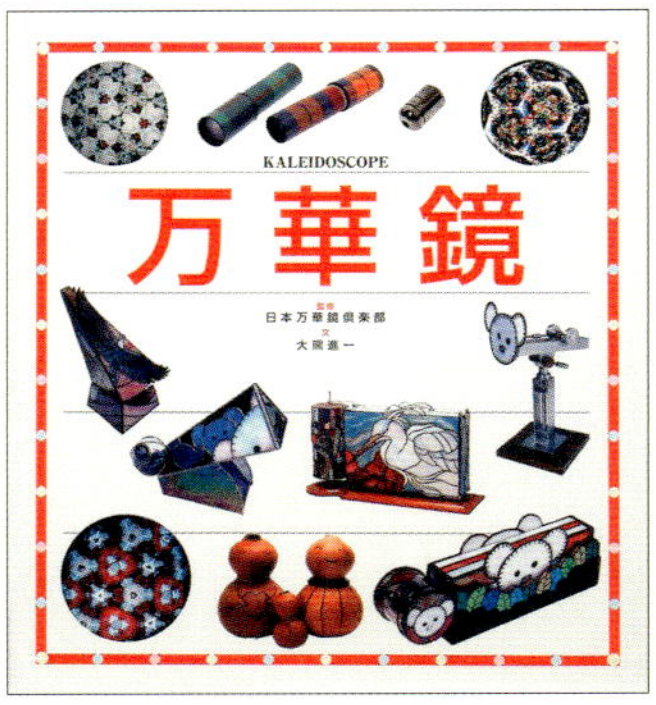

万華鏡《まんげきょう》をのぞいてみましょう。華《はな》のようにきれいなもようがならんでいます。よく見《み》ると、円《えん》や三角形《さんかっけい》などのさまざまなかたちが規則正《きそくただ》しくならんでいて、幾何学《きかがく》もようになっていることがわかります。筒《つつ》をまわすと、もようはくるくるとかわっていきます。かんたんな万華鏡《まんげきょう》は、長方形《ちょうほうけい》の鏡《かがみ》を3枚《まい》、正三《せいさん》角形《かっけい》にくみあわせることでできています。鏡《かがみ》の枚数《まいすう》をふやしたり、鏡《かがみ》をつなぐ角度《かくど》をかえたりすると、もようもさらに複雑《ふくざつ》になっていきます。

よわいかみ つよいかたち〈かこ・さとしかがくの本8〉

●著者 かこ・さとし ●絵 かこ・さとし ●童心社 ●1988年

はがきと10円玉《えんだま》とあつい本《ほん》とはさみを用意《ようい》します。はがきをたて半分《はんぶん》に切《き》って、2冊《さつ》の本《ほん》のあいだにのせて橋《はし》をつくります。その橋《はし》に10円玉《えんだま》がいくつのるかやってみたら、3個《こ》のりました。4個《こ》めをのせたら橋《はし》が落《お》ちました。はがきを2枚《まい》かさねてみたら6個《こ》のりました。今度《こんど》は橋《はし》のかたちをかえてみました。紙《かみ》を半分《はんぶん》におって三角《さんかく》のかたちにして10円玉《えんだま》をセロハンテープではりつけました。いくつのるかな。本《ほん》を見《み》ながらだれでも実験《じっけん》ができます。

目《め》だまし手品《てじな》

●著者 アーリーン・ボームとジョゼフ・ボーム ●絵 アーリーン・ボームとジョゼフ・ボーム ●訳者 なかがわちひろ ●福音館書店 ●1995年

ちゃんと見《み》ても目《め》がだまされることがあります。それを「目《め》の錯覚《さっかく》」といいます。表紙《ひょうし》のピエロが、目《め》だましの国《くに》に案内《あんない》してくれます。お城《しろ》の兵《へい》隊《たい》がもっているヤリの先《さき》はふたつにわかれていると思《おも》ったけれど、よく見《み》ると3つにわかれているようです。ゆうびんやさんが着《き》ている服《ふく》のたてじまが動《うご》いているように見《み》えます。王《おう》さまとおきさきさまがならんでいます。でも、王《おう》さまのほうが背《せ》が高《たか》くみえます。はかってみるとおなじなのです。

ヒギンスさんととけい

●著者 パット・ハッチンス ●絵 パット・ハッチンス
●訳者 たなかのぶひこ ●ほるぷ出版 ●2006年

ヒギンスさんは、屋根裏部屋《やねうらべや》の時計《とけい》がきちんとあっているか、気《き》になりました。そこで、新《あたら》しく時計《とけい》を買《か》ってきて、寝室《しんしつ》におきました。時計《とけい》の針《はり》は3時《じ》。ところが、屋《や》根裏部屋《ねうらべや》へいくと、屋根裏部屋《やねうらべや》の時計《とけい》は3時《じ》1分《ぷん》をさしています。どっちの時計《とけい》が正《ただ》しいのでしょう。こまったヒギンスさんは、もうひとつ時計《とけい》を買《か》いにいき、台所《だいどころ》におきましたが、やっぱりどの部屋《へや》の時計《とけい》も時間《じかん》がちがいます。

アナログ?・デジタル?・ピンポーン!〈たくさんのふしぎ傑作集《けっさくしゅう》〉

●著者 野崎昭弘 ●絵 タイガー立石 ●福音館書店 ●1994年

デジタルとアナログ、よく耳《みみ》にしますが、どうちがうのでしょうか? 数字《すうじ》で時刻《じこく》をあらわすのはデジタル時計《どけい》、針《はり》で時刻《じこく》をあらわすのはアナログ時計《どけい》。足《あし》あとはデジタルで、タイヤのわだちはアナログ。ようするに、点々《てんてん》なのがデジタルで、つながっているのがアナログなのです。だから、ことばがデジタルで、表情《ひょうじょう》がアナログ……そういわれてもわからないという人《ひと》は、読《よ》んでみてください。

しゃっくり1かい1びょうかん こどものためのじかんのほん

●著者 ヘイゼル・ハッチンス ●絵 ケイディ・マクドナルド・デントン ●訳者 はいじまかり ●福音館書店 ●2008年

1秒間《びょうかん》って、どのぐらいの時間《じかん》でしょう? しゃっくりを1回《かい》する時《じ》間《かん》。ママのほっぺに「ちゅっ」ってする時間《じかん》。なわとびを1回《かい》「ぴょん」ってとぶ時間《じかん》。じゃあ、1分間《ぷんかん》はどのぐらいの時間《じかん》? すきな歌《うた》を1曲《きょく》歌《うた》う時間《じかん》。1時間《じかん》だったら? すてきな砂《すな》のおしろをつくる時間《じかん》。このあと、1日《にち》、1週間《しゅうかん》、1月《つき》、1年《ねん》と、つづきます。時間《じかん》はどんどんすぎていくけど、いつものあそびや生活《せいかつ》のなかで、その感《かん》じがわかります。

マグナス・マクシマス、なんでもはかります

●著者 キャスリーン・T・ペリー ●絵 S・D・シンドラー
●訳者 福本友美子 ●光村教育図書 ●2010年

むかしあるところに、ものをはかったり、かぞえたりするのが大《だい》すきなおじいさんがいました。なまえは、マグナス・マクシマス。ともかくなんでもはかります。ライオンのひげの長《なが》さも、カにさされたところのかゆさも、よごれたくつ下《した》のくささも。かぞえるのもとくいです。空《そら》の雲《くも》の数《かず》、顔《かお》のそばかすの数《かず》、かしパンのレーズンの数《かず》。朝《あさ》から晩《ばん》までかぞえたり、はかったりするのに大《おお》いそがし、夜《よる》はくたくたになってねむりました。

監修者

小原芳明
（おばら・よしあき）

1946年生まれ。米国マンマス大学卒業、スタンフォード大学大学院教育学研究科教育業務・教育政策分析専攻修士課程修了。1987年、玉川大学文学部教授。1994年より学校法人玉川学園理事長、玉川学園園長、玉川大学学長。おもな著書に『教育の挑戦』（玉川大学出版部）など。

編　者

瀬山士郎
（せやま・しろう）

1946年生まれ。東京教育大学大学院修士課程修了。1970年群馬大学教員、2011年群馬大学定年退職ののち、群馬大学名誉教授。数学教育協議会会員。おもな著書に『ぐにゃぐにゃ世界の冒険』『ぼくの算数絵日記』（ともに福音館書店）、『計算のひみつ』『点と線のひみつ』（ともにさ・え・ら書房）など。

画　家

山田タクヒロ
（やまだ・たくひろ）

1973年千葉県生まれ。イラストレーター。日本大学藝術学部美術学科卒業。書籍や雑誌、広告からウェブなど幅広い媒体で活動中。著書に『せかいのこっきシールブック』（ポプラ社）。共著に『伝統アート　匠の技、さえる！』（日本文化キャラクター図鑑　玉川大学出版部）、『しりとり世界いっしゅう』（ミルブックス）など。

執筆者（50音順）

岩村繁夫
（いわむら・しげお）

東京都公立小学校・非常勤教員。専門は初等教育（算数）。著書に『比例の発見――中学数学への橋渡し』（太郎次郎社）など。
第2章、第3章「「あまさ」を数であらわす」「「はやさ」を数であらわす」

木村陽一郎
（きむら・よういちろう）

湘南学園小学校教員。専門は初等教育（算数）、博物館教育。共著に『子ども博物館楽校』（チルドレンズ・ミュージアム研究会）など。
第3章「クラスの花だん」、「広いのはどっち？」ほか11項目

増島髙敬
（ますじま・たかよし）

元自由の森学園高校数学科教員、元東京電機大学理工学部非常勤講師。専門は数学教育。共著に『なるほどなっとく数学再挑戦』（日本評論社）など。
第3章「エンちゃん、おばあちゃんのところへひとり旅」「「3時」がなぜ「おやつ」なの？」、第4章

圓山麻実
（まるやま・あさみ）

東京都公立小学校教員を経て、群馬県公立小学校教員。専門は初等教育（算数）。『作文と教育』（本の泉社）などに寄稿掲載。
第1章、第3章「どちらのジュースが多い？」「背の高さくらべ」「はんぱな量はどうしよう」

玉川百科こども博物誌プロジェクト（50音順）

大森　恵子（学校司書）
川端　拡信（学校教員）
菅原　幸子（書店員）
菅原由美子（児童館員）
杉山きく子（公共図書館司書）
髙桑　幸次（画家・幼稚園指導）
檀上　聖子（編集者）
土屋　和彦（学校教員）
服部比呂美（学芸員）
原田佐和子（科学あそび指導）
人見　礼子（学校教員）
増島　髙敬（学校教員）
森　　貴志（編集者）
森田　勝之（大学教員）
渡瀬　恵一（学校教員）

＊　＊　＊

「いってみよう」「読んでみよう」作成

青木　淳子（学校司書）
大森　恵子
杉山きく子

＊　＊　＊

装　丁：辻村益朗
玉川百科こども博物誌事務局（編集・制作）：株式会社 本作り空 Sola

玉川百科《たまがわひゃっか》こども博物誌《はくぶつし》

数《かず》と図形《ずけい》のせかい

2017年1月20日　初版第1刷発行

監修者　小原芳明
編　者　瀬山士郎
画　家　山田タクヒロ
発行者　小原芳明
発行所　玉川大学出版部
〒194-8610　東京都町田市玉川学園6-1-1
TEL 042-739-8935　FAX 042-739-8940
http://www.tamagawa.jp/up/
振替：00180-7-26665
印刷・製本　図書印刷株式会社

乱丁・落丁本はお取り替えいたします。

ISBN978-4-472-05973-5 C8641 / NDC410